AF260408

L'EUCALYPTUS GLOBULUS

PARIS. — IMPRIMERIE DE E. MARTINET, RUE MIGNON, 2.

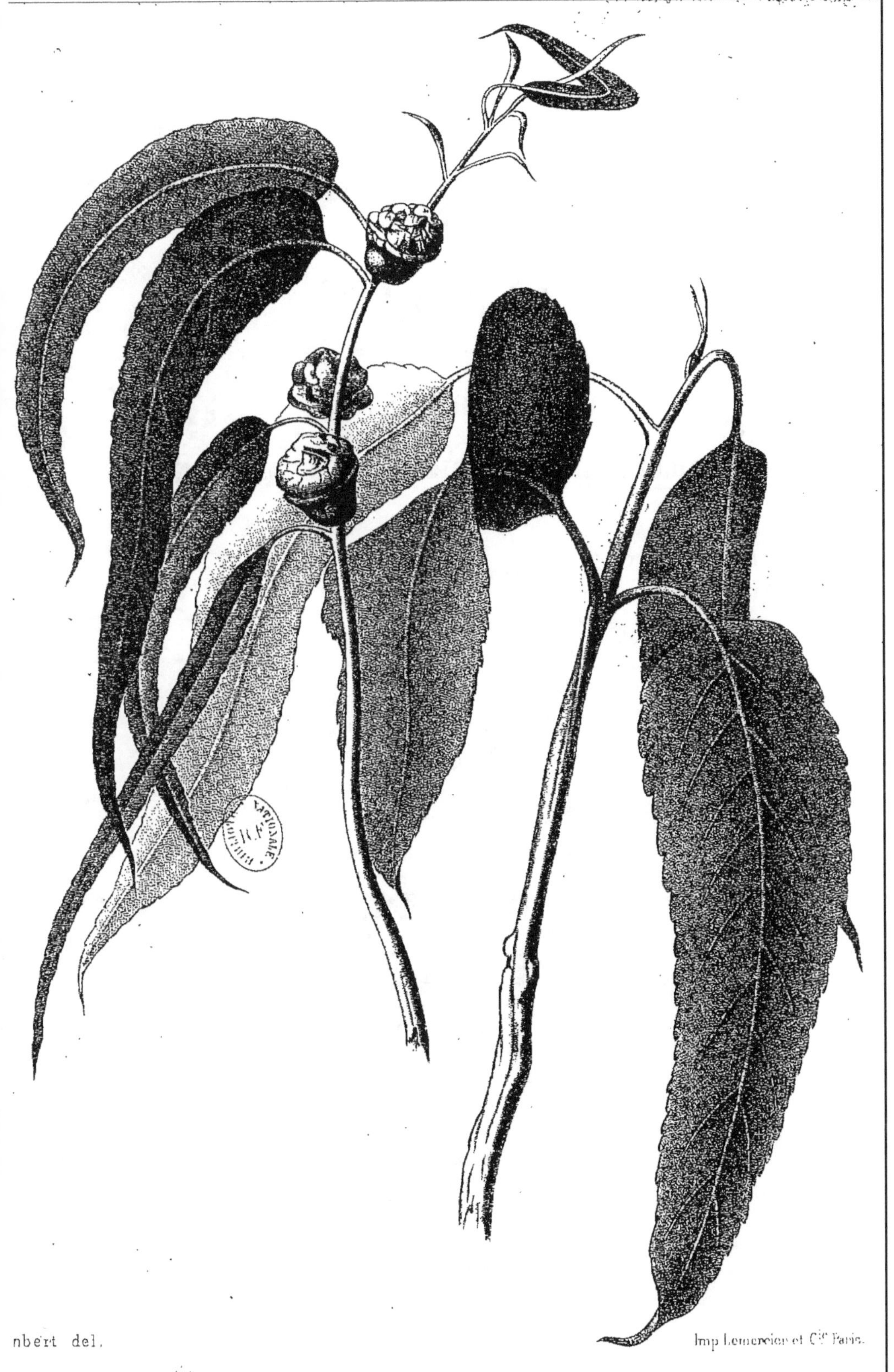

Feuilles Dimorphes de l'Eucalyptus globulus.

publié par Adrien Delahaye.

L'EUCALYPTUS

GLOBULUS

SON IMPORTANCE

EN AGRICULTURE, EN HYGIÈNE ET EN MÉDECINE

PAR LE DOCTEUR

GIMBERT

(DE CANNES)

Lauréat de la Faculté de médecine de Paris (médaille hors ligne), mention de l'Institut
Membre correspondant des Sociétés de thérapeutique et de micrographie de Paris

Avec trois planches

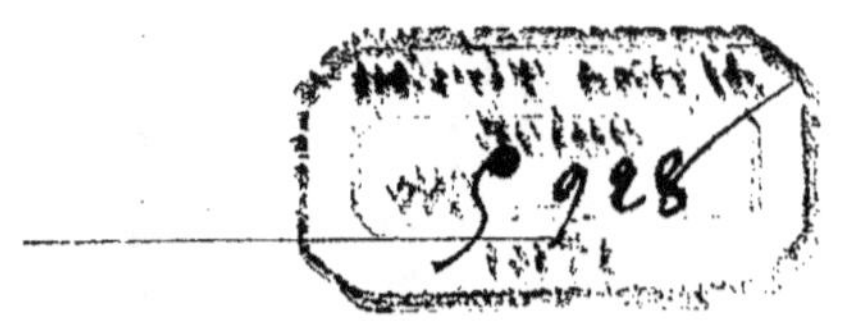

PARIS

ADRIEN DELAHAYE, LIBRAIRE-ÉDITEUR

PLACE DE L'ÉCOLE-DE-MÉDECINE

1870

PRÉFACE

————

Le travail que nous publions aujourd'hui est l'exposé de nos recherches sur l'*Eucalyptus globulus*. Il se compose de trois parties : la première contient une étude historique et économique de l'arbre, on trouve dans la deuxième le tableau de l'action physiologique des produits de ce végétal sur les organismes vivants, une relation de leurs effets thérapentiques constitue la troisième.

Le tout a été écrit en 1870 et serait depuis lors dans le public, si nous n'avions cru manquer d'égards envers l'Académie de médecine, dépositaire de notre manuscrit. On verra plus loin les raisons qui nous ont déterminé à publier le mémoire complet.

L'acclimatation de l'*Eucalyptus globulus* dans le sud de l'Europe est, à notre avis, un événement de la plus grande importance économique. Peu d'arbres en effet méritent de préoccuper autant les esprits amis du progrès. Par sa nature, ses proportions gigantesques, par la durée et la résistance de son bois, qualités qui accompagnent rarement une croissance rapide ; par la rapidité de son développement, ses propriétés médicales, sa valeur industrielle et agricole, l'*Eucalyptus globulus* répond à une foule de besoins de premier ordre. Grâce à ce végétal, on pourra voir se reconstituer à vue d'œil nos forêts qui s'épuisent, disparaître les miasmes des pays malsains et s'opérer une révolution heureuse dans l'industrie du bois. Le commerce, l'agriculture, la médecine, les sociétés lui seront redevables des plus grands bienfaits.

Arbre généreux avant tout, évoluant avec une énergie qui semble faire fi du temps, l'*Eucalyptus* donne aujourd'hui ce qu'on lui a pris la veille, et promet de ramener le calme dans ces esprits timorés qui, oubliant de compter avec l'intelligence de l'homme, tremblent pour l'avenir de l'humanité toutes les fois qu'ils voient une mine de charbon s'épuiser, une forêt disparaître.

Ces généralités feront comprendre au lecteur pourquoi nous avons entrepris la solution des intéressants problèmes que fait surgir l'étude de l'*Eucalyptus* ; et si, dans cette première partie, qui n'est pas médicale, en dépit d'une attention soutenue, il s'est glissé quelque erreur, nous avons du moins la conscience d'avoir donné, sans réserve, à cette œuvre, notre temps, nos réflexions et toute notre sincérité.

Peu après la publication de notre premier travail, nous eûmes l'honneur de présenter à l'Académie de médecine de Paris, un nouveau mémoire manuscrit dans lequel étaient étudiés les effets physiologiques et thérapeutiques de l'*Eucalyptus*. Ce mémoire fut déposé à l'Académie de médecine dans la séance publique du 14 juin 1870 par mon savant et cher maître, le professeur Ch. Robin, et remise entre les mains de M. Gubler, qui devait en faire l'objet d'un rapport. Les tristes événements dont Paris a été le théâtre depuis lors, le surcroît de besogne qui incombait à tous les professeurs, ont été sans doute cause que l'éminent médecin n'a pu s'occuper de mon travail. Je me décide, à regret, il est vrai, à le publier, parce que je crains qu'il ne soit déjà resté trop longtemps dans l'ombre. Je n'aurai peut-être pas de rapport à l'Académie, je remercierai néanmoins M. le professeur Gubler de l'aimable appréciation qu'il a faite de ce mémoire à la Faculté (1).

Ce travail portera comme date de publication 1870, date du dépôt à l'Académie. Je n'y retrancherai rien. J'y ajouterai au contraire un complément d'observations nouvelles, et un chapitre traitant de la valeur des différentes préparations d'*Eucalyptus* que M. Ardisson et M. Delpech ont bien voulu faire pour nous.

(1) Leçons sur l'*Eucalyptus globulus* par le professeur Gubler (*Bulletin de thérapeutique* de septembre).

L'EUCALYPTUS GLOBULUS

PREMIÈRE PARTIE

CHAPITRE PREMIER

HISTOIRE DE LA DÉCOUVERTE DE L'EUCALYPTUS GLOBULUS.
SES CARACTÈRES BOTANIQUES ET SES PROPRIÉTÉS.

La découverte de l'*Eucalyptus globulus* remonte au siècle dernier. C'est le 6 mai 1792 que ce magnifique végétal fut remarqué pour la première fois sur la terre de Van-Diemen, par Labillardière, allant avec Entrecasteaux à la recherche du malheureux Lapeyrouse. Dans le récit de son voyage, ce savant exprime les sentiments d'admiration que lui fit éprouver la vue de ce beau spécimen de la végétation australienne et en donne une description qui, bien qu'écourtée, permet de reconnaître qu'il en avait déjà pressenti l'importance économique. La voix de Labillardière est restée jusqu'à ces dernières années sans écho, et on peut dire avec raison que, pour l'Europe, l'*Eucalyptus globulus* n'est encore qu'un objet de curiosité botanique.

Par contre, les colons australiens, mieux inspirés, ont exploité de suite les forêts immenses qu'il forme, et ils recueillent aujourd'hui largement les fruits de leurs essais.

Depuis quelques années, cependant, différents auteurs ont

appelé l'attention sur cet arbre. Un grand nombre de botanistes l'ont décrit, mais la description la plus complète a été donnée par le Dr Muller, directeur du jardin botanique de Melbourne. A côté de l'énumération détaillée de ses caractères botaniques, il y signale, en passant, les avantages économiques qu'on en retire. Nous ne saurions mieux faire que de lui céder la plume (1).

« L'*Eucalyptus globulus*, gigantesque myrtacée (2), est un arbre très-élevé, à rameaux tétragones au sommet. Ses feuilles les plus jeunes sont subcordiformes, opposées ; les autres alternes, diversement pétiolées, coriaces, unicolores, comme vernies, aiguës et souvent un peu contournées en faux depuis la base, ou étroitement lancéolées, allongées en mucrone et couvertes de nervures pennées, saillantes : les nervures de la circonférence sont éloignées des bords. Les fleurs sont axillaires, géminées ou ternées, sessiles ou munies d'un pédoncule court, large, comprimé. Les boutons floraux sont pruineux, verruqueux, ridés ou presque lisses, à double opercule. Le tube du calice est souvent hémisphérique ou pyramidal, turbiné, anguleux ou pourvu de côtes rares égalant presque la longueur de l'opercule intérieur, deprimé-hémisphérique, ou subitement en forme de bouclier depuis le centre. Les filets des étamines sont allongés, les anthères subovales. Leurs fruits grands sont souvent hémisphériques ou déprimés, turbinés. Ils ont de 4, 5 à 3 loges. Le sommet de la capsule est élevé et un peu convexe. Valves deltoïdes, graines sans ailes.

« Cet arbre croît dans les vallées et sur les versants humides des montagnes boisées, depuis le golfe d'Apollo-Bay jusqu'au delà du cap Wilson, et s'étend çà et là en petits massifs, jusque vers les montagnes de Buffallo-Range.

---

(1) La traduction est tirée du chap. XII des *Fragmenta phytographiæ Australiæ*.

(2) La qualification de *globulus* a été donnée par Labillardière à cet arbre, parce que la capsule a la forme d'un bouton de chemise.

« D'après Labillardière, il s'élève à des altitudes plus froides dans les parties australes de la Tasmanie (Ile de Flinders). Dans nos contrées, l'*Eucalyptus globulus* paraît prospérer surtout dans les terres favorables au développement du chêne-liége, dans les dunes, les terrains granitiques, schisteux, silico-calcaires.

« Cet arbre, d'une rapidité de croissance remarquable, est connu maintenant, dans le monde entier, sous le nom de gommier bleu de Tasmanie (*blue gum tree*) ; il est digne d'être compté parmi les colosses du règne végétal, car il atteint fréquemment 60 à 70 mètres, et plus rarement 100 mètres de hauteur. On le rencontre sur les collines pierreuses, souvent exposées à toutes les fureurs des tempêtes (surtout au cap Wilson). Il forme aussi des arbrisseaux touffus, portant des fleurs et des fruits.

« Le tronc, dont les lames corticales extérieures (comme chez le platane) sont souvent détachées, est lisse, cendré, quelquefois entouré à la base d'ancienne écorce fibreuse. Son bois est lourd, dur, très-utile.

« Les feuilles sont plus ou moins étalées, longues quelquefois de $0^m,10$ à $0^m,20$, plus rarement dépassent $0^m,33$, obliques à la base, presque aiguës ou légèrement obtuses, larges de $0^m,03$ à $0^m,6$; plus ordinairement imperforées que pourvues de points transparents ; terminées en pointe aiguë le plus souvent brusquement détruite.

« Les feuilles les plus jeunes sont amplexicaules à la base, apiculées au sommet ou courtement acuminées, pruineuses, blanchâtres sur les deux faces du limbe, souvent ponctuées, transparentes dans leur plus jeune âge, longues de $0^m,09$ à $0^m,15$ et larges de $0^m,9$. Bractées très-caduques, coriaces, composées de deux parties ovales acuminées, à demi soudées, embrassant la jeune fleur, fauves, lisses, longues de $0,12$ à $0^m,18$. Le tube du calice est long de $0^m,009$ à $0^m,024$.

« L'opercule extérieur (au témoignage d'Oldfield) est caduc, fragile, mince, glanduleux, un peu réticulé, veiné, égal en largeur à l'opercule intérieur. Ce dernier est coriace. Il a $0^m,006$ à $0^m,018$ de long sur $0^m,15$ à $0^m,020$ de large. Les filets des étamines, d'un jaune pâle, capillaires, filiformes, ont de $0^m,015$ à $0^m,024$ de long.

« Les anthères, d'environ $0^m,004$ de long, sont versatiles, munies d'une forte glande. Style peu épais, filiforme, stigmate convexe, un peu plus épais que le style. Les fruits sont souvent larges de $0^m,03$ environ, quelquefois très-petits. Les graines stériles sont brunes, claviformes et filiformes à la fois, et longues d'environ $0^m,002$ à $0^m,003$. D'autres, plus courtes, sont rhomboïdales ou trapézoïdes.

« Les fertiles sont ovales ou arrondies, noires, opaques, et présentent $0^m,003$ de longueur. »

Dans nos contrées, il se présente sous différents aspects, en masse pyriforme lorsqu'il est jeune ; il prend les formes les plus variées, suivant la manière dont on le façonne. Tantôt il s'étend en largeur dès la base, par des rameaux robustes, qui s'élèvent obliquement vers le ciel ; d'autres fois, son tronc, dépourvu de branches, s'élance droit dans l'espace et se termine par un bouquet de feuilles que l'air agite sans cesse comme une chevelure végétale. Rarement son feuillage est épais lorsqu'il est grand ; aussi, les rayons du soleil s'infiltrent à travers et arrivent jusqu'au sol, circonstance que l'on pourrait utiliser pour faire bien des cultures sous sa protection. Partout il cherche la lumière. J'en ai vu qui, plantés dans des encoignures de maisons, au milieu d'autres arbres, se recourbaient plusieurs fois sur eux-mêmes pour l'aller chercher. Cet arbre est en état continu de séve ; ici, il fleurit, pousse indistinctement dans toutes les saisons et fournit des graines fertiles lorsqu'elles sont restées deux ans sur l'arbre. Ses feuilles sont persistantes comme en Australie, et contribuent à l'embellissement de notre végétation hivernale. Quand le soir une brise légère fait flotter le feuillage, on perçoit souvent au loin une odeur balsamique agréable, qui rappelle celle des sapinières. Les feuilles, en effet, contiennent des quantités considérables de produits essentiels volatils et de résines qui se dégagent dans l'air et le parfument.

Les propriétés du bois de l'*Eucalyptus* sont des plus remarquables. Indépendamment de la régularité de ses formes, il est d'une dureté à toute épreuve. Il n'a de rival à cet égard que le bois de tawn et de teck. Cette propriété, sur un végétal qui croît si rapidement, paraît surprenante ; elle est certaine néanmoins. Quand on l'expose longtemps à l'air, cette consistance augmente encore ; les résines qu'il contient se coagulent et lui donnent, indépendamment d'une densité plus grande, une vertu de plus, celle d'être imputrescible, même dans l'eau (1), et inattaquable par les insectes.

Indépendamment des nombreux usages industriels auxquels il est employé, il est la clef de voûte de tous les travaux hydrauliques en Australie.

Lorsqu'il est vert et jeune, il est très élastique, et la force d'un homme ne suffit pas pour rompre une branche d'un mètre de long et de 7 à 8 centimètres de diamètre. L'arbre plie, mais ne se brise pas.

Dans tous les pays il a une prodigieuse puissance d'absorption par ses feuilles, ses racines ; et comment pourrait-il en être autrement, lorsqu'il s'agit de trouver les éléments d'une poussée si puissante ? M. Trottier a mis cette propriété en évidence par des expériences intéressantes. En juin 1867, il plaça une branche d'*Eucalyptus* dans un vase plein d'eau, au sein d'une pièce voûtée ; cinq jours après les feuilles étaient flétries et le vase vide.

L'expérience fut répétée le 20 juillet 1868, en plein air. A six heures du matin, il plaça une branche d'*Eucalyptus* dans un vase profond de 30 centimètres et large à son orifice de 16. Cette branche, mise au soleil, pesait le matin 800 grammes ; à

____

(1) Barré, *Revue générale de l'Architecture et des Travaux publics* de César Daly.

six heures du soir, l'eau du vase avait perdu 2 kil. 600 grammes et la branche pesait 825 grammes. Il y eut ce jour 43 degrés de température, de sorte que la chaleur avait contribué à la déperdition de l'eau. Un second vase de la même contenance et de même forme que le premier, soumis à l'évaporation seule, perdit dans le même temps 208 grammes. De telle façon que l'*Eucalyptus* absorba, en deux ou trois heures, trois fois son poids d'eau, et en élimina rapidement une grande partie.

M. Regulus Carlotti, d'Ajaccio, a mis 25 kilos de feuilles d'*Eucalyptus* en macération dans 22 litres d'eau. Vingt-quatre heures après, le liquide avait augmenté d'un litre et demi. Les feuilles s'étaient donc dépouillées d'une partie de leur eau d'hydratation.

Cette propriété simultanée d'absorber et d'éliminer énergiquement fait de l'*Eucalyptus* une façon de creuset épurateur vivant, qui emprunte au sol ses courbures hydratées et les rend à l'atmosphère en vapeurs balsamiques et oxygénées.

Tel est, en substance, l'ensemble des caractères qui nous permettent de reconnaître quelle est la place de l'*Eucalyptus globulus* dans le règne végétal et qui nous font prévoir déjà tout le parti que l'homme peut retirer de ses propriétés. Une portion de ce travail va être consacrée à l'exposition des richesses que nous promet la culture de cet arbre. Nous ne nous dissimulons pas les difficultés qui vont se présenter à nous à chaque instant; mais nous ne nous arrêterons pas, persuadé qu'en faisant tous nos efforts pour montrer les applications utiles des données de la science, nous accomplissons un devoir envers notre pays et envers l'humanité tout entière.

CHAPITRE II

DE L'ACCLIMATATION DE L'EUCALYPTUS GLOBULUS. — DE SA RÉUSSITE
EN FRANCE, EN AFRIQUE, EN ESPAGNE, EN ITALIE.

Pour que les importantes propriétés de l'*Eucalyptus globulus* pussent être exploitées par l'Europe et les autres régions du globe, il fallait pouvoir le transplanter et le faire prospérer dans des latitudes différentes. M. Ramel s'est chargé de tenter l'entreprise et de la faire réussir. Homme pratique avant tout, Ramel, se trouvant en 1854 en Australie, comprit de suite que si l'*Eucalyptus globulus* pouvait supporter des changements de climat, il transformerait la face de bien des pays. Il se mit courageusement à l'œuvre ; plein d'activité et de dévouement à son idée philanthropique, il ne négligea rien pour acclimater et vulgariser son arbre favori en France, et on peut dire que ses efforts sont bien près d'être couronnés de succès.

Il fit ses premiers essais à Paris. Le préfet de la Seine l'autorisa en 1860 à faire quelques semis dans les jardins de la ville. Les semis faits au printemps donnèrent des résultats inespérés ; et c'est avec une grande surprise que M. André, jardinier en chef de la capitale, constata que ce végétal avait atteint en quatre mois d'été quatre mètres de hauteur (1). Malheureusement on fut obligé de le mettre en serre en automne, car il n'aurait pas résisté au froid en plein air.

Dès ce jour, l'*Eucalyptus* fut planté dans tous les jardins. Ce succès de fantaisie ne pouvait satisfaire les vues de Ramel, qui destinait son arbre à un but économique. Il fit alors planter l'*Eucalyptus* en Afrique, en Espagne, dans le midi de la France,

____

(1) Brochure *Eucalyptus globulus*, par André, jardinier principal de la ville de Paris.

et huit ans se sont à peine écoulés depuis, que déjà ses graines, ainsi disséminées, se sont transformées la plupart en arbres imposants; et nous espérons, avec lui, que bientôt toutes les contrées incultes, improductives ou malsaines de l'Afrique et du Sud de l'Europe, seront converties en forêts d'*Eucalyptus globulus*.

A cette heure, il serait difficile d'apprécier exactement les résultats qu'on a obtenus dans les différentes régions où l'on a introduit l'*Eucalyptus*, par suite d'un manque de données statistiques positives; mais tout ce que nous pouvons dire, c'est qu'une bonne partie de la colonie du cap de Bonne-Espérance, autrefois sauvage et dénudée, a été transformée en pays fertile en quelques années, grâce à cet arbre; qu'en Algérie, les sols consacrés à cette culture sont en train de se régénérer à vue d'œil; que, sur la zone maritime de la Corse, il prospère à merveille, et que tous les auteurs qui en ont parlé en sont émerveillés.

Mais en revanche nous sommes à même de donner les renseignements les plus exacts sur le développement de cet arbre sur notre territoire. Il importe, à cet égard, de remonter aux dates pour fixer le degré de sa prospérité.

Le premier *globulus* qu'on a vu dans nos contrées a été planté en 1860 à Antibes, par M. Thuret, botaniste bien connu dans le monde scientifique. Il était contemporain de la plantation de quelques *Eucalyptus amygdalina, elata, corynocalix*, à peu près délaissés, et suivait l'importation de l'*Eucalyptus gigantea*.

En 1862, M. Martichon, habile horticulteur du pays, fit de nombreux semis de *globulus* et fit dès ce jour tous les efforts pour en vulgariser l'espèce. En même temps M. Opoix, secrétaire de la société d'horticulture, en faisait des plantations dans le jardin de la villa Vallombrosa, et rapidement, grâce à l'initiative de ces hommes, les coteaux et les plaines furent couverts de cet arbre australien.

Au moment où j'écris, c'est-à-dire en novembre 1869, j'ai fait des relevés dans presque tous les jardins, et voici les résultats qu'ils donnent : chez M. Martichon, deux *Eucalyptus globulus*, plantés en mars 1863 et arrosés, atteignaient en 1868 20 mètres de hauteur, tandis que le tronc mesurait 1 mètre 10 de circonférence, à 40 centimètres au-dessus du sol. Ces dimensions extraordinaires sont exactes, car l'arbre fut mesuré après avoir été abattu par terre. L'arbre avait donc fait des pousses de quatre mètres par an.

Dans le jardin de M. *Bonnet*, il existe un *globulus* qui a de 20 à 22 mètres de hauteur et 1 mètre 12 de circonférence à 50 centimètres au-dessus du sol. Cet arbre a été planté en 1862; il avait alors 1 mètre de longueur. La première année il resta à peu près stationnaire; M. Bonnet fit alors défoncer profondément le sol tout autour, et grand fut son étonnement lorsqu'il vit durant l'été l'arbre s'allonger d'un mètre par mois. Cet arbre, isolé sur une pelouse, est sans contredit le plus remarquable individu de l'espèce *globulus* qu'il y ait à Cannes. Il est droit comme un I, d'une verdure et d'une forme grandiose.

Dans le jardin de la villa des *Mimosas*, chez mon ami de Colquhoun, il existe deux *Eucalyptus globulus* isolés, qui sont remarquables. L'un d'eux a quatre ans, il atteint 12 mètres en hauteur et 90 centimètres de circonférence à la base; l'autre, âgé de cinq ans, s'élève de 15 mètres au-dessus du sol, le tronc a un mètre de circonférence à sa base. Dans le même terrain, un semis de 18 mois atteint 7 mètres de hauteur.

Dans le magnifique jardin du Grand-Hôtel, les *globulus*, bien que noyés dans une végétation élevée et compacte, sont magnifiques. Quatre sont âgés de cinq ans, ils ont en moyenne de 12 à 15 mètres de hauteur et leur tronc présente de 1 mètre à 95 centimètres de circonférence.

Trois autres, situés comme les précédents au midi de l'établissement, quoique moins âgés d'une année, atteignent une moyenne de 9 à 10 mètres de hauteur et 90 centimètres de circonférence de tronc près du sol. Ces arbres sont très-droits et très-branchus.

Au nord de l'établissement, différents *globulus* ont été plantés aux mêmes époques ; recevant un peu moins de soleil, ils sont moins rameux et moins épais, mais tout aussi réguliers et aussi élevés que les précédents.

Les plantations de la villa Vallombrosa sont également remarquables.

Un *globulus* semé en 1862, et non arrosé, a 8 mètres de hauteur et un tronc de 1^m30 de circonférence à 1 mètre au-dessus du sol.

Un *Eucalyptus amygdalina*, que je signale en passant, atteint aujourd'hui 20 mètres de hauteur, tandis que sa tige mesure 1^m30 à la même distance du sol. L'arbre précédent était sur un terrain peu profond ; celui-ci, au contraire, fut planté sur une épaisse couche de terre. M. Opoix m'a montré cinquante individus environ de la même espèce, qui, disséminés dans les divers jardins de Cannes, ont atteint des proportions semblables.

Cinquante *Eucalyptus globulus*, semés par cet habile jardinier en 1863, présentent aujourd'hui les dimensions suivantes : hauteur, 15 mètres en moyenne, circonférence du tronc à sa base, $1^m,20$.

M. Martichon, sur des plantations bien plus nombreuses encore, a obtenu le même développement dans les terrains convenables.

Les semis de 1864, de 1865, d'après M. Martichon, M. Opoix et moi-même, ont donné, suivant les lieux, de 10 à 15 mètres de hauteur et des troncs en proportion.

A l'*hôtel Beau-Rivage*, on voyait devant la porte d'entrée, deux *globulus* âgés de quatre ans et qui avaient 15 mètres de hauteur.

A la villa Grandval, chez M. Turcas, dans le jardin de

MM. Fould, Tripet, Lucq, Duboys-Danger, etc., le développement des *Eucalyptus globulus* est aussi surprenant que dans
les conditions précédentes; aussi je dispenserai le lecteur d'une
énumération plus longue.

L'*Eucalyptus globulus* prospère, non-seulement quand il est
isolé, mais encore quand il est planté en forêt.

Sur une terrasse à sol sablonneux et exposée en plein midi,
deux industriels distingués, mes amis Pilar et Cuvillier, se-
mèrent en 1864, 200 graines de *globulus* qu'ils avaient eues
directement de Melbourne, par le ministère de la marine. Ces
semis furent faits à 5 mètres l'un de l'autre. Tous réussirent,
et, en 1869, ces sables arides étaient couverts d'un bocage
charmant.

Tous, cependant, n'atteignirent pas les mêmes dimensions,
bien que contemporains.

L'un d'eux, isolé dans un coin du jardin, au midi, mesurait
12 mètres de hauteur et avait un tronc d'un mètre de circonférence à 40 centimètres au-dessus du sol. Tous ceux qui s'éle-
vèrent sur la ligne méridionale de la terrasse et qui recevaient
le plus de soleil, poussèrent vigoureusement et mesurent aujourd'hui de 10 à 11 mètres de hauteur, et 78 à 90 centimètres
de circonférence à leur base.

Les autres, placés plus au centre et plus au nord, recevant
le soleil surtout par leur cime, semblent être d'une autre époque;
leur hauteur varie entre 7 et 8 mètres, leur tronc mesure de
40 à 70 centimètres de circonférence au-dessus du sol. Cette
plantation prouve suffisamment que les *Eucalyptus* peuvent
être mis en massifs, que la condition essentielle à leur prospérité est leur immersion dans des flots de lumière.

D'après les données précédentes, il ressort que les *Eucalyptus globulus* à Cannes s'allongent de 4 mètres en moyenne durant la saison chaude. En général, les semis d'un an, plantés au
mois de mai, sur un terrain propice, atteignent 6 mètres de
haut en décembre suivant.

La végétation de la troisième année est en tout comparable à celle de la deuxième ; mais celle des années suivantes, bien que toujours progressive, commence à se ralentir, ce qui favorise le développement du tronc.

Ces résultats sont vrais pour toute l'étendue des Alpes–Maritimes.

A Hyères, d'après des renseignements que je dois aux frères Huber, habiles horticulteurs du pays, le développement annuel de cet arbre est semblable à celui que nous observons à Cannes. On y trouve des *Eucalyptus globulus* énormes, et un entre autres qui, planté en 1857 dans le jardin de ces messieurs, atteint aujourd'hui une hauteur de 25 mètres et une circonférence de tronc de 2 mètres à la base.

Ces arbres sont disséminés dans les plaines et sur les hauteurs, et pourvu qu'ils soient sur un sol convenable, ils prospèrent dans les situations les plus diverses. L'important, c'est que le sol soit perméable à l'eau et aux racines. On le comprendra sans peine lorsqu'on voudra se rendre compte, comme je l'ai dit déjà, de la quantité de matériaux qu'il faut pour alimenter un développement pareil.

En général, on fait des semis et on plante le rejeton un an après, pour lui donner une attache plus solide au sol. Dès ce moment, il ne demande plus aucun soin, si ce n'est la protection d'un tuteur pendant les premières années de son adolescence.

Quelquefois ce développement est si rapide, que le vent renverse les arbres ; dans ce cas, un recepage ou deux de la tige, renforçant le tronc et ses attaches au sol, leur donne désormais, comme en Australie, une résistance à la tempête.

En vérité, une culture aussi peu dispendieuse et aussi productive devrait faire surgir dans tous les coins de la Provence des forêts d'*Eucalyptus*, quand bien même son bois ne serait utile qu'au chauffage, ce qui est une erreur.

D'après les résultats précédents, il n'est plus permis de considérer cet arbre avec indifférence, et il doit forcément devenir l'objet de spéculations industrielles.

CHAPITRE III

APPLICATION DE L'EUCALYPTUS AU REBOISEMENT DES FORÊTS, AU BOISEMENT DES TERRES VIERGES.

L'idée du reboisement des forêts et du boisement des terres incultes est la première qui doit naturellement découler de cette étude préliminaire. En effet, on arriverait, en la mettant à exécution, à obtenir en quinze ou vingt ans ce que l'on obtient en cent, cent cinquante ans, dans les forêts ordinaires. On verrait à vue d'œil disparaître les graves conséquences du vandalisme forestier, grâce à l'immense quantité de produits que l'on déverserait par ce moyen spécial sur les marchés, et l'on rendrait peut-être un jour à l'agriculture, une grande étendue d'hectares désormais inutiles à la sylviculture.

Cette entreprise soulève des difficultés nombreuses. En effet, bien que l'*Eucalyptus globulus* ait une puissance de cosmopolitisme considérable, il faut, néanmoins, quand on veut qu'il donne de beaux résultats, tenir compte de la nature du sol dans lequel on veut le planter, de sa configuration, de son orientation, des conditions atmosphériques diverses au milieu desquelles il va pousser, et surtout des oscillations de la température et de l'humidité des lieux.

Nous n'essayerons pas ici d'apprécier exactement le rôle de chacune de ces causes en particulier ; il me suffira de dire que, sur un sol convenable, question élucidée dans un chapitre précédent, il suffit que la température ne descende pas au-dessous de huit degrés centigrades pour que l'*Eucalyptus* prospère.

Dès lors, des essais devraient être tentés sur bien des points de la France méridionale. Les plaines de la Crau, les Landes, les environs des étangs de Thau, d'Aigues-Mortes, les environs du Var, qui sont souvent l'origine d'effluvés pernicieuses, etc., seraient très-probablement propices à cette culture. Sans doute, les vents dans la Crau, la plaine de Thau, les Landes, sont un grand obstacle à ces plantations ; mais déjà la conquête est commencée, des arbres en couvrent une partie, et, sans vouloir protester brutalement contre les influences extrêmes, ne pourrait-on pas commencer les essais dans les parties les moins froides et les moins exposées au vent ? Après une première plantation prospère, on en ferait une autre immédiatement à côté qui serait protégée par la plus ancienne, et ainsi, de proche en proche, on arriverait probablement à faire la conquête, que l'on assurerait en groupant les arbres d'une certaine manière et en les recepant deux ou trois fois les premières anuées.

Les propriétaires, selon nous, seraient rapidement indemnisés de leurs frais.

Que les agriculteurs intelligents, que les communes et l'État se lancent donc dans cette entreprise ; tout en ménageant leurs intérêts, ils feront une œuvre vraiment philanthropique.

CHAPITRE IV

DES RÉSULTATS INDUSTRIELS ET ÉCONOMIQUES QUE PROMET
L'EUCALYPTUS.

Pour donner plus de valeur à nos conseils, pénétrons un moment dans l'examen des résultats pécuniaires que l'on atteindrait par cette culture.

Rapportons-nous pour un instant à la statistique forestière donnée en 1841 par le ministre de l'agriculture. L'État, depuis cette époque, n'a pas modifié sa situation à cet égard, nous pouvons donc la reporter à 1869.

D'après ces données, la valeur totale des futaies en France est de 4,137,995,288 francs (1).

L'État coupe les futaies lorsqu'elles ont cent, cent cinquante ou deux cents ans d'âge ; les communes les exploitent d'un siècle à l'autre ; les particuliers, au contraire, plus pressés de revenus, les livrent aux marchés après une période de soixante-dix ans en moyenne. Admettons, pour faire une moyenne générale, que toutes les futaies soient coupées à cent ans. L'*Eucalyptus* devant être considéré surtout comme arbre de futaie, donnerait cinq coupes durant cette période, c'est-à-dire une tous les vingt ans.

La valeur de cette partie des bois serait donc quintuplée, et, au lieu de la somme signalée plus haut, la France aurait une valeur en futaies de 20, 689,976,440 francs. Ce résultat extravagant ne pourrait être malheureusement réalisé (toutes choses égales d'ailleurs) que pour les régions méridionales ; mais l'Afrique est là pour nous donner raison bientôt. Poussons plus

_____

(1) Mémoire de M. A. Gurnaud intitulé : *Conserver les forêts de l'État et réaliser le matériel surabondant.*

loin l'analyse; d'après M. Gurnaud et la plupart des auteurs, la valeur des bois sur les marchés de Paris se répartit ainsi :

Les baliveaux de chêne de 15 ans, sur pied, valent la tonne de 1,000 kilog. 11 fr.

Ceux de 30	—	—	16
— 45	—	—	20
— 60	—	—	32
— 75	—	—	48
— 90	—	—	64

A la place du chêne, mettez des bois d'*Eucalyptus :* ce bois donnant, durant le même laps de temps, une poussée cinq fois plus grande et par conséquent cinq fois plus de bois, il est clair qu'une tonne d'arbres de 15 ans coûtera cinq fois moins au propriétaire et quintuplera, toutes choses égales d'ailleurs, son revenu ; et alors les prix de revient du propriétaire, dans les mêmes conditions, seraient répartis comme il suit :

Baliveaux d'*Eucalyptus* de 15 ans, la tonne sur pied.		2 fr.	50
30	—	3	20
45	—	4	
60	—	6	40
75	—	9	60
90	—	12	80

On obtiendrait des différences analogues sur le prix des bois de sapin.

Les plantations se généralisant, l'affluence des bois amènerait forcément une diminution énorme dans les prix des ventes au profit de la majorité. On aurait ainsi résolu un sérieux problème d'économie agricole.

Les besoins de ce qu'on appelle bois de service ou de haute futaie se sont singulièrement accrus depuis trente ans, et augmenteront encore, bien que l'usage plus considérable du fer en ait diminué la consommation.

Aujourd'hui, les chemins de fer emploient des quantités énormes de bois, tant pour la construction des gares que pour l'établissement et l'entretien des voies. D'après des calculs qui paraissent très-bien établis (1), dans vingt ans, l'entretien de toute l'exploitation ferrée en France exigera la production annuelle de 2,000,000 d'hectares de forêts ordinaires, lorsque la France entière en possède à peine 8 à 9 millions. Avec 500,000 hectares plantés d'*Eucalyptus*, on ariverait au même résultat; ou mieux encore, avec une pareile étendue, on obtiendrait suffisamment de produits pour subvenir aux besoins d'une industrie cinq fois plus considérable; pourquoi, dès lors, les compagnies n'essaieraient-elles pas la culture de cet arbre merveilleux dans le midi de la France, dans les hors-lignes de la voie, en Afrique surtout, où le sol n'est pas cher encore, et où il prospère ? Les actionnaires trouveraient à pareille détermination un bénéfice marqué, car les achats de bois sont très-onéreux pour eux; une simple traverse, qui en bois d'*Eucalyptus* leur coûterait de un à deux francs, leur coûte huit francs aujourd'hui. La valeur des actions augmenterait ainsi du cinquième économisé sur le prix actuel du bois. Si les compagnies craignaient que les traverses d'*Eucalyptus* fussent inférieures à celles du chêne, on leur répondrait que l'expérience est faite sur une large échelle dans l'Inde. Là, les rails, dans toutes les compagnies, sont fixés sur des traverses en *globulus*, qui, d'après des renseignements authentiques, sont inaltérables et à vil prix.

L'hésitation en pareil cas ne paraît pas possible, et nous espérons que les compagnies donneront une impulsion à cette sylviculture spéciale.

L'exploitation des télégraphes exige une consommation sérieuse de bois de futaies. L'*Eucalyptus* ici encore vient offrir des avantages que nous allons essayer d'apprécier.

Le 31 mai 1869, l'administration des télégraphes fit l'acquisition de 38,900 poteaux pour les différentes lignes qui sillonnent la France. Ces poteaux, d'après une note que je dois à l'obligeance de M. de Vougy, directeur général, ont été payés tout

(1) Gurnaud. (Loc. cit.)

injectés de la manière suivante, pour le réseau du chemin de
Paris-Lyon-Méditerranée :

Poteaux de	6 m. 50 de longueur	5 fr. 50
—	8	— 9
—	10	— 14

Les travaux sur cette ligne exigèrent l'emploi de 7,200 poteaux ainsi répartis :

Poteaux de	6 m. 50	2,000	ce qui fait en argent	11,000 fr.
—	8	4,000	—	36,000
—	10	1,000	—	16,800

Or, d'après les données générales de sylviculture, un sapin
propre à donner un poteau de 6 mètres 50, a 30 ans d'âge,
celui qui donne le poteau de 8 mètres a 40 ans, et le dernier
55 à 60 ans. Remplacez le sapin par l'*Eucalyptus ;* dans le
premier cas, le sol vous donnera votre arbre en cinq ans, vous
aurez le poteau de 8 mètres au bout de huit ans au plus et le
troisième en 10 ans. Dans les conditions ordinaires, le sol a
fourni les trois dimensions demandées en une moyenne de
45 années, tandis qu'avec l'*Eucalyptus* on arriverait au même
résultat en 7 ou 8 années environ ; c'est-à-dire, toujours cinq
ou six fois plus vite. L'économie pour l'État, qui impose d'a-
vance les conditions, serait très-sérieuse. En effet, si l'on fixe à
la moitié du prix d'achat les frais de transport et d'injection,
dernière condition qu'il faudrait négliger pour notre arbre, mais
dont nous tiendrons compte pour forcer les choses, le prix de
revient des bois de sapin tombe à 36,955 francs. Si nous
remplaçons le bois de sapin par celui de l'*Eucalyptus,* nous
arrivons, d'après les données précédentes, à une économie
d'environ 30,000 francs sur cette modeste dépense. L'État
à l'égard du télégraphe est entré dans une voie louable (1) ;
aujourd'hui, les dépêches sont à la portée de tout le monde, et

---

(1) A l'époque où nous écrivions ces lignes, l'Alsace et la Lorraine ne nous
avaient pas encore été volées.

il pourrait en diminuer encore le prix, si, prenant en considération notre proposition, il cultivait ou encourageait la culture de l'*Eucalyptus*. Ne voulant pas spéculer sur la nation, il pourrait baisser le prix des dépêches de la somme qu'il économiserait sur la dépense du matériel qui nous occupe.

Tous ces calculs, d'ailleurs, commencent à recevoir leur vérification en Afrique, ils la recevront bientôt en France.

D'après M. Trottier, d'Alger, un hectare planté en *Eucalyptus* donnerait en huit ans un produit net de 6,200 francs.

M. Carlotti Regulus (1), d'Ajaccio, soutient que si l'État peuplait une grande partie du littoral de la Corse, à la fin de la huitième année, la plantation donnerait un bénéfice net de 1,295,000 francs.

Quel est l'arbre qui peut donner un résultat pareil, si ce n'est l'*Eucalyptus globulus* ?

Les connaissances précises que nous avons acquises aujourd'hui dans l'art de la navigation, la grande extension qu'a prise le commerce, les transformations qu'a subies notre marine militaire, et beaucoup d'autres raisons, font surgir à chaque instant des navires sur nos chantiers. Malheureusement, nos forêts ne suffisent pas à la construction de tous ces bâtiments, et nous sommes obligés de faire un appel constant aux ressources de l'étranger. La Russie, la Suède, la Norwége, l'Allemagne, les États-Unis, absorbent une grande partie de notre argent qu'il serait plus profitable de garder chez nous.

La culture de l'*Eucalyptus* ferait sans doute une révolution dans cette situation. Par ses prodigalités incroyables, elle suppléerait en grande partie à cette insuffisance et augmenterait rapidement le bien-être des populations. On pourrait en tirer toutes les pièces de la mâture, les planches qui forment la coque des navires et la charpente tout entière.

Cette idée n'est plus une hypothèse désormais. En effet, tous

____

(1) *Du mauvais air en Corse*, par Regulus Carlotti. — Ajaccio 1869

les steamers qui font les voyages entre la terre de Wan–Diemen et l'Angleterre sont en bois d'*Eucalyptus*. Les baleiniers de Hobart-town, bien connus par leur solidité, sont en bois de même nature. Les dimensions énormes des planches que l'on peut faire avec cet arbre devaient naturellement faire penser à leur emploi dans la construction des bateaux (1).

Si nous donnions une impulsion considérable à cette culture, les applications pour nous ne se borneraient pas là. Tous nos grands travaux de charpente, les digues, les brise-lames des ports, les ponts en bois, etc., pourraient être faits avec économie et solidité avec ce bois, comme dans toute l'Australie. L'architecture, les ponts et chaussées, la menuiserie, la carrosserie, le charronnage, où l'on n'emploie que des bois durs, en tireraient un grand profit.

Parlerons-nous de la valeur des produits que cet arbre peut donner en bois de chauffage ? Nous n'osons, craignant que le lecteur ne trouve déjà ce chapitre un peu long. Nous nous bornerons à dire que ce bois brûle très-bien, et qu'on pourrait en avoir des quantités considérables à vil prix par le traitement des forêts à venir, ce dont les classes pauvres ne se plaindraient pas, aujourd'hui que le bois devient rare et cher.

CHAPITRE V

DE L'EUCALYPTUS, CONSIDÉRÉ COMME MOYEN D'ASSAINISSEMENT DES CONTRÉES MALSAINES.

Le rôle que l'*Eucalyptus globulus* doit jouer comme moyen d'assainissement, dans les contrées morbigènes situées au sud

(1) Selon Ramel, on a vu des planches de 25 à 60 mètres de longueur.

du 44ᵐᵉ degré de latitude nord, est selon nous considérable. M. Frémy, dans le rapport fait au nom de la Société Algérienne, publié en avril 1869 dans le *Moniteur*, dit ceci :

*L'*Eucalyptus globulus *a une valeur considérable sur la terre d'Afrique ; il a, en outre, l'avantage d'exercer une influence favorable sur la salubrité des contrées où on le multiplie.*

En effet, les fièvres intermittentes semblent fuir devant lui, et cela justifie cette idée émise par M. Hardy, que l'Australie devait la salubrité de son climat à la présence de ce végétal.

Les conditions de l'insalubrité d'un territoire sont si nombreuses et si complexes que nous ne pensons pas que l'*Eucalyptus globulus* seul puisse les combattre toutes ; mais nous sommes profondément convaincu qu'associé aux procédés que le génie de l'homme a déjà inventés pour faire la conquête de ces terres maudites, il aura une grande part d'influence sur la prospérité des sols malsains et sur la régénération des races qui les habitent.

L'insalubrité d'un pays peut tenir à une foule de causes différentes que nous allons étudier successivement ; nous signalerons en première ligne l'existence des marécages.

Les marais sont situés dans des terres relativement basses ; ils se forment à la longue sur un sol imperméable, par la stagnation d'eau provenant directement des pluies, des mers, ou des débordements des cours d'eau dans une région dépourvue de pente. C'est ainsi que se forment les maremmes des environs de Vera-Cruz, d'Aigues-Mortes, de Montpellier.

D'autres fois, ils sont la conséquence d'une végétation aquatique qui se développe surabondamment dans le lit de cours d'eau et de canaux qui auraient naturellement assez de pente pour mener les eaux en un lieu convenable. Dans ces conditions, le cours de l'eau est d'abord ralenti ; bientôt elle ne peut plus être contenue dans son conduit naturel, elle s'étale sur les terres voisines et produit à la longue des marécages. Dans la plaine Pontine, si malheureusement réputée, cette influence est manifeste ; le fond de tous les canaux est obstrué de plantes aquatiques vivaces, qui meurent, se pourrissent et renaissent sans cesse. Leur quantité est si considérable, que d'après les calculs de M. de Prony, si on les enlevait, on ferait baisser le niveau des eaux d'un demi-mètre. A ce compte il est évident que ce demi-mètre d'eau, ne pouvant se loger dans les canaux, se déverse dans le voisinage et y croupit.

Il existe des marais qui ont pour origine le déboisement des montagnes voisines. Dans ce cas particulier, les couches superficielles du sol, n'ayant plus de fixité par suite du manque d'attaches, sont peu à peu charriées dans la plaine par les torrents. Ces détritus, embourbant les eaux, commencent par en ralentir le cours et relever le niveau de leur lit. Peu à peu, le lit des eaux disparaît complétement, et celles-ci, n'ayant pas suffisamment de pente pour se créer des issues nouvelles, ou rencontrant des obstacles, se déversent partout et finissent par former des maremmes dangereuses.

L'absence d'arbres sur le bord des cours d'eau favorise la rupture des berges ; la présence d'arbres à feuilles caduques produit les mêmes effets que la végétation aquatique : elle prépare les débordements.

Quelques marais sont formés par les sables que la mer accumule sur les côtes à l'embouchure des cours d'eau, comme cela se voit souvent dans le midi de la France.

Ces obstacles sont franchis par les eaux au moment des fortes crues de l'hiver ; mais pendant l'été, quand leur niveau baisse, il arrive à la longue que ces accumulations sont assez importantes pour empêcher l'écoulement direct des eaux. Elles stagnent d'abord dans leur lit ; mais, toutes les fois qu'il survient une crue, elles se déversent en partie sur les terres voisines, où elles forment des flaques pernicieuses.

La mer produit quelquefois des effets inverses. Sur les côtes basses, elle pénètre pendant les grosses tourmentes dans l'intérieur des terres et s'y emprisonne au bout d'un certain temps.

Plus souvent, peut-être, elle est ainsi englobée par des alluvions mobiles. C'est ce que l'on voit aux embouchures des grands fleuves.

Il existe des marais souterrains; ils sont alors formés par des infiltrations qui, provenant des pentes voisines, arrivent à peine à la surface du sol. Il y en a des exemples en Corse.

Les marais ne sont pas la seule cause d'insalubrité d'un pays; en thèse générale, il suffit que des débris de substances organiques, végétales ou animales, subissent l'influence combinée de l'humidité et d'une grande chaleur pour qu'il y ait des miasmes dans l'air.

Toutes les plaines incultes ou désertes de l'Afrique sont un foyer de fièvres intermittentes et de dyssenteries. Il en est de même de certaines régions de l'Espagne, de la campagne de Rome, des plaines de la Corse, de la Grèce, etc.

Les plaines les plus cultivées, les environs de Cannes, Nice, etc., sont quelquefois, pendant les grandes chaleurs humides, le foyer de fièvres intermittentes.

Les défrichements des terres vierges sont très-pernicieux à la santé. En Afrique, ils ont été meurtriers, et, bien que moins dangereux que sous ces latitudes, ils donnent très-bien la fièvre intermittente quotidienne aux ouvriers qui, dans nos pays, les font durant les mois de septembre et d'août.

Les remuements de terre que nécessite l'établissement des chemins de fer produisent des effets analogues. En août 1869, un grand nombre d'ouvriers, qui pratiquaient une grande tranchée pour la voie ferrée qui doit relier Cannes à Grasse, furent pris de fièvre intermittente. Ils n'avaient pas été malades jusque-là. Le creusement du canal Saint-Martin, à Paris, fut pernicieux pour les habitants du voisinage. On a dit même que les démolitions de la capitale pouvaient produire des accès.

Telles sont, en résumé, les différentes conditions qui produisent ou préparent l'insalubrité d'un pays.

Quel est le mécanisme physique de ces influences délétères ?

Il est le même, quelle que soit leur origine. Par les grandes chaleurs, le niveau des marais qui sont insuffisamment alimentés, soit par les rivières, les pluies ou la mer, baisse et laisse exposés à la chaleur solaire, des détritus organiques de toute sorte. Ces végétaux, ces animalcules, privés d'eau, sont mis en fermentation par le soleil, surtout au moment des rosées, alors qu'il y a suffisamment d'humidité pour aider la fermentation, et pas assez pour l'empêcher. Il en résulte des vapeurs (*effluves de Lancisi*), chargées de substances organiques, qui exhalent quelquefois une odeur méphitique, et qui absorbées déterminent des accidents immédiats, ou des accidents chroniques d'une grande gravité, tels que fièvre intermittente à différents types, dyssenterie, cachexie paludéenne, etc.

Ces vapeurs se disséminent le jour dans l'atmosphère ; mais le soir, par le fait du refroidissement nocturne, elles retombent vers les parties basses, et rendent les plaines et les vallés pestilentielles, alors que les collines restent saines.

C'est à ce moment qu'il est dangereux de se soumettre à ces influences.

Dans les régions incultes de l'Afrique, l'origine des miasmes est la même ; ils sont toujours le résultat de l'action du soleil sur les détritus végétaux baignés d'humidité par les rosées de la nuit et du matin. Il en est ainsi en Corse, en Italie, en Grèce, etc.

Les défrichements de sols vierges produiraient des miasmes dans les mêmes conditions.

Ces vapeurs infectieuses, ces effluves ne sont pas seulement dangereuses sur place. Emportées par les courants d'air, elles vont souvent produire des ravages à de grandes distances. A Rome, à chaque instant la fièvre frappe aux portes de la ville. En Afrique et ailleurs, on voit souvent la fièvre intermittente se déclarer dans des lieux sains, après certains vents qui passent sur des contrés insalubres et lointaines.

Comment remédier à tant de causes diverses d'insalubrité? Quelle va être la part d'influence de l'*Eucalyptus globulus* dans la disparition des miasmes d'une contrée? Il est de toute évidence que dans les contrées marécageuses la première condition de transformation est de faire disparaître la maremme définitivement. On y parviendrait en déblayant le lit des rivières, en facilitant par conséquent le cours des eaux, en creusant des canaux collatéraux pouvant les ramener dans des centres appropriés, qui seraient, par exemple, des lacs ou des marais à grand tirant d'eau et à bords taillés à pic, de façon à prévoir les inconvénients de l'abaissement de leur niveau, ou de grands canaux collecteurs aboutissant eux-mêmes à des fleuves, à des rivières ou à la mer; en drainant les terres, en défrichant et modifiant la composition du sol environnant; en incendiant la végétation inutile ou nuisible, et en consolidant tous ces travaux par des plantations d'Eucalyptus. Planté le long de la berge des ruisseaux, du bord des rivières, des lacs et des canaux, comme les peupliers plantés sur le parcours du canal du Languedoc, il donnerait de suite de la solidité aux terrassements, formerait rapidement un obstacle aux débordements. Par sa croissance rapide, la tendance naturelle qu'il a de chercher la lumière et sa prodigieuse puissance d'absorption, il serait un obstacle à cette végétation aquatique qui prépare, entretient les marais et leurs effluves.

L'Eucalyptus, planté en fourrés autour des lieux malsains, empêcherait en grande partie l'action du soleil sur la terre, cernerait les miasmes, qui non-seulement ne pourraient être emportés au loin, mais qui seraient très-rapidement modifiés par les émanations essentielles des feuilles. Grâce à la persistance de son feuillage, le sol ne se couvrirait plus, en quelques jours, de ces détritus qui très-probablement produisent les effluves pernicieuses, qui attirent tous les parasites végétaux et animaux de l'atmosphère, organismes invisibles, innombrables, qui meurent et renaissent sans cesse pour préparer sourdement la mort. Prospérant sur les collines, il donnerait rapidement de la fixité au sol, et les eaux descendant des montagnes seraient moins abondantes, moins denses, moins impétueuses, et couleraient dans leurs canaux naturels sans déborder partout.

La manière la plus sûre de conjurer définitivemeut le danger des contrées miasmatiques, comme la plupart des plaines de l'Afrique, les environs de Pœstum, de Barri, de Rome, en Italie ; d'Aigues-Mortes, les deltas du Var, en France ; le littoral de l'île de Corse, etc., serait, après en avoir desséché les points marécageux, de les défricher et d'y implanter l'Eucalyptus.

L'Eucalyptus assurerait le succès de ces deux opérations, en protégeant d'abord le défrichement et en perpétuant ensuite ses bons résultats. En effet, le véritable obstacle aux défrichements est la difficulté que l'on a de soustraire les travailleurs aux impressions de la nuit : tous les soirs, alors que le soleil est encore au-dessus de l'horizon, ils sont obligés de quitter le lieu de leurs travaux pour se réfugier sur les collines voisines, ou de s'enfermer hermétiquement dans des masures dont ils ne doivent sortir que tard le matin, sous peine de subir de mauvaises influences. Ce déplacement procure un surcroît de fatigue au paysan, une grande perte de travail au propriétaire, ralentit les travaux et éternise le mal. Que les propriétaires ou colons intelligents préparent d'avance, sur les terres qu'ils veulent défricher, des oasis compactes d'*Eucalyptus globulus ;* rien ne s'opposera plus à leurs conquêtes. Ces pépinières, placées de distance en distance, seront un abri sûr contre les influences insalubres. Non-seulement les effluves ne se développeront plus sous leur feuillage, mais encore ces arbres formeront une barrière puissante contre l'invasion des miasmes extérieurs.

Les cultivateurs pourront y reposer la nuit sans crainte et sans danger ; le matin, ils seront plus aptes au travail, plus durs à la fatigue et moins facilement impressionnés par l'air malsain.

Mais ce résultat n'est pas le seul, ai-je dit, que l'on doit ici attendre de l'*Eucalyptus globulus*. Il doit être planté sur tout sol nouvellement défriché, pour en assurer la prospérité, car seul il promet d'une manière durable salubrité et richesse à tous les propriétaires.

Cet arbre, nous le savons déjà, a une force d'absorption considérable. Planté sur un sol nouvellement défriché, il en pomperait rapidement toute l'humidité, condition essentielle de la production des miasmes. En outre, par son développement continu, il absorberait nécessairement dans le sol les éléments d'une végétation parasite et malsaine ; et sur un terrain inculte et pestilentiel naguère, on aurait, au bout de dix ou douze ans, une forêt puissante et généreuse. Nos prévisions à cet égard sont corroborées par M. Trottier, qui, dans son rapport, lu à la Société impériale d'agriculture d'Alger, en mars 1868, appréciait ainsi qu'il suit le produit de la culture de l'Eucalyptus :

« Un hectare planté en Eucalyptus, si l'on réduit l'écartement des lignes à six mètres, et celui des arbres, dans cette ligne, à trois, contiendra cinq cents arbres. Si l'on a bien opéré, tous auront un diamètre de vingt centimètres à deux mètres au-dessus du sol au bout de trois ans. Les bois de cette dimension sont propres à de nombreux emplois dans le charronnage, et seront vendus au-dessus de cinq francs l'un. Or, la première éclaircie produirait deux mille cinq cents francs. A huit ans, le reste de la plantation aura les dimensions propres aux travaux des chemins de fer, et chaque arbre pourra atteindre le prix de vingt francs. Un hectare d'Eucalyptus aurait donc donné, en huit ans, un produit brut de six mille deux cents francs.»

Ce premier résultat encouragerait sans doute singulièrement les propriétaires, qui, dans tous les cas, pourraient rendre sans crainte à l'agriculture un sol désormais purifié.

La révolution que l'*Eucalyptus globulus* fera dans les zones méridionales malsaines de l'Europe, et des pays chauds, sera suivie nécessairement d'une résurrection de certaines races. A la place de ces populations malheureuses, disséminées dans les lieux malsains, on verra se former des agglomérations plus grandes. Après deux ou trois générations, on ne rencontrera plus ces hommes, ces enfants au teint terreux ou blafard, à l'œil morne ; leurs instincts vulgaires, leur incapacité intellectuelle, conséquence d'une perpétuelle insuffisance d'aliments, d'air respirable et de société, subiront des modifications avantageuses. Leur constitution physique, ces gros ventres, ces jambes grêles, ces membres infiltrés se transformeront également, et on verra peu à peu revenir ainsi à la vie et à la civilisation des races à demi éteintes, et qui sont l'opprobre de l'humanité tout entière.

Comment, à cette heure, rester indifférent à tant de promesses ? Ne serait-ce pas une faute de dédaigner les conseils de la science ?

Que les États, que des compagnies, que des philanthropes et des industriels se mettent donc à l'œuvre. Qu'en France, en Afrique, en Italie, en Grèce, on ne se borne plus à de simples essais d'agrément ; que, de tous côtés, s'élèvent des plantations, des forêts d'Eucalyptus : il est le seul arbre qui assurera à notre époque et dans ces contrées, le triomphe de la science sur les éléments morbigènes, et donnera à la fois aux populations *agrément, richesse et santé.*

DEUXIÈME PARTIE

CHAPITRE VI

DE CERTAINES PROPRIÉTÉS PHYSICO-CHIMIQUES DE L'ESSENCE D'EUCALYPTUS.

Nous possédons actuellement les préparations pharmaceutiques importantes que M. Ardisson et M. Delpech, pharmaciens distingués de Cannes et de Paris, ont bien voulu faire à notre instigation, telles que : extraits, teintures, poudre de feuilles, etc. ; mais la plus importante, celle dont nous allons nous occuper longuement, est l'essence retirée des feuilles et de l'écorce de l'arbre par simple distillation. Nous nous sommes occupés plus particulièrement de ce produit, bien que les autres présentent certains avantages dans quelques maladies, parce qu'il nous a paru caractéristique et qu'il est facile de le manier en physiologie. C'est à l'aide de la physiologie expérimentale, en effet, que nous avons dû faire nos investigations ; et c'est grâce à ces procédés de recherche, empruntés à MM. Bernard, Robin, Vulpian, Longet, Brown-Séquard, etc., que nous sommes arrivé, croyons-nous, à préciser les effets de l'essence de l'*Eucalyptus* sur les organismes vivants, et à montrer son utilité en thérapeutique.

Les animaux domestiques, le chien, le lapin, le cochon d'Inde, les oiseaux, le rat, ont été les sujets de nos nombreuses expériences, et, lorsque cela nous a paru insuffisant, nous avons analysé sur nous-même les effets de l'*Eucalyptus*.

Les troubles fonctionnels et organiques ont été étudiés et recherchés avec le plus grand soin. Nous avons emprunté à la calorimétrie et à la sphygmographie, à l'analyse chimique et à l'électricité, leurs moyens de recherche, et l'on pourra se convaincre plus loin des résultats intéressants auxquels nous sommes arrivé par ces moyens combinés.

Nous n'essayerons pas de traiter longuement des propriétés physiques et chimiques de l'essence de l'*Eucalyptus*.

M. Cloëz, dans une savante note communiquée le 28 mars 1870 à l'Académie des sciences, les a mieux étudiées que nous ne pourrions le faire, et nous renverrons le lecteur aux Bulletins de l'Académie. Mais ce que nous ne saurions passer sous silence, ce que M. Cloëz n'a pas encore fait ressortir, bien que, dans une lettre qu'il m'adressa cet hiver 1870, il m'en ait parlé, ce sont ses propriétés antiseptiques.

Mélangée à de l'albumine, de la fibrine que l'on vient de retirer des veines, cette essence en empêche la décomposition ; injectée dans les veines d'un animal, elle en prévient ou en retarde la putréfaction pendant longtemps, bien différente en cela de la térébenthine dont l'effet n'est que passager. Nous conservons des caillots de sang, des lapins et des rats injectés à l'essence depuis trois mois (1), ils ne sont point altérés ; leurs tissus sont desséchés, momifiés, et exhalent le parfum d'*Eucalyptus*. Quelques gouttes d'essence répandues dans un appartement corrigent les émanations désagréables qu'il peut y avoir, et laissent des traces pendant plusieurs jours ; nous l'avons employée avec succès dans les embaumements.

Les chimistes, les industriels pourraient donc, en l'incorporant à une autre substance qui atténuerait son odeur

___

(1) Ceci était écrit au mois de mai 1870, les animaux avaient été injectés au mois de juillet 1869 et conservés intacts pendant trois mois.

forte sans l'altérer, s'en servir comme correctif des odeurs parfois incommodes de la peau, des miasmes des appartements et des fermentations organiques de toute sorte.

Nos expériences sont très-nombreuses, nous les avons groupées en trois catégories. Dans la première, nous plaçons celles qui sont propres à nous montrer surtout les effets physiologiques de la substance; dans la seconde, celles qui doivent donner l'explication du mécanisme de ces effets; enfin, en dernier lieu, nous avons groupé celles qui doivent nous permettre d'établir la nature de l'essence d'*Eucalyptus*.

Un grand nombre de nos expériences ne sont point consignées dans ce travail, mais cela n'a pas d'inconvénient; pour suppléer à cette lacune, qui facilite notre exposition, nous donnerons des observations de faits cliniques concluants.

PREMIER GROUPE D'EXPÉRIENCES.

Expérience 1. — A un jeune lapin du poids de 300 grammes j'injecte dans le dos 10 gouttes d'essence d'*Eucalyptus*. Dix minutes après, je constate un peu de faiblesse dans le train postérieur; au bout d'une heure, ne voyant survenir aucun nouveau phénomène, j'injecte dans la même région 40 gouttes d'essence; l'animal urine peu après, et vingt minutes plus tard il s'affaisse sur ses jambes; il est pris en même temps de contractions fibrillaires des peauciers, sa respiration devient haletante, il lèche la table d'opération, sans cesse il frotte son museau avec ses pattes, comme s'il y avait des picotements, il éternue à chaque instant ; deux heures après l'apparition de ces phénomènes, l'animal commence à revenir à son état normal, il guérit.

Le lendemain il était tout à fait sur pied, il mangeait avec entrain; nous fîmes à 2 h. 25 une injection de 45 gouttes d'essence sous la cuisse; nous notâmes avec soin la température du rectum et la respiration toutes les cinq minutes, jusqu'à 4 h. 40; à 5 h. 25 on reprit les observations jusqu'à 7 heures.

Voici ce qui survint : Dix minutes après, affaissement de l'animal sur la table, indifférence aux excitations extérieures, ralentissement de la chaleur et de la respiration (Voy. pl. I, fig. 1), diminution progressive de la sensibilité. L'animal mourut à 7 h. dans un état de calme parfait.

EXPÉRIENCE 2. — A un jeune moineau j'injecte trois gouttes d'essence d'*Eucalyptus* sous la cuisse et le laisse en liberté sur la table. Cinq minutes après il titube en marchant, bien que son vol soit encore puissant ; sa respiration devient haletante ; dix minutes plus tard il ne peut plus se tenir sur ses pattes, il tombe à chaque instant et ne se soutient qu'avec peine, en étendant ses ailes en forme de support. A ce moment, la respiration se ralentit ; et si l'on prend l'animal dans les mains, on sent qu'il est refroidi. A 2 h. 55, c'est-à-dire un quart d'heure après le début de l'expérience, il est couché sur le flanc et essaie de temps en temps de se relever, de voler, mais en vain, bien que l'animal ait conservé sa volonté et ses forces musculaires pour se mouvoir. Quand on pince fortement l'aile ou la patte, il remue encore la tête, mais son corps et ses parties piquées restent immobiles ; on voit que l'animal perçoit encore les impressions, que la moelle les transmet faiblement au cerveau, que celui-ci ne semble plus avoir les moyens suffisants pour transmettre sa volonté, et que les mouvements réflexes ne se font plus dans le lieu des impressions.

EXPÉRIENCE 3. — Le 23 mai 1869 j'inoculais à un lapin de 600 grammes et très-vigoureux vingt gouttes d'essence d'*Eucalyptus* sous l'aine droite et postérieure. La chaleur normale de l'animal, prise, comme dans la plupart de nos expériences, dans le rectum, était de 39°,6 ; on comptait 70 inspirations par minute, tandis que son cœur battait deux cents fois durant le même temps. L'injection fut faite à 3 h. 15. Le premier effet de la substance fut une excitation légère, déterminée sans doute par l'irritation locale, car l'animal léchait sa blessure; mais le calme reparut à 3 h. 30 avec un peu de tibutation et un ralentissement de la respiration. Ces phénomènes se dissipèrent vers 4 h. environ. Nous fîmes alors une nouvelle injection de vingt-cinq gouttes : cinq minutes après il trébuchait sur son train de derrière, ne pouvait se déplacer sans tomber; sa respiration descendait à 50°, avec des irrégularités; la chaleur à 38°,6; le pouls ne pouvait être compté à cause de sa fréquence, de temps en temps grincements de dents. A 4 h. 20 il était accablé, ses pattes de devant glissaient et s'écartaient en dehors, l'animal s'affaissait sur son sternum ; ses oreilles étaient flasques, tombantes; les deux omoplates débordaient le dos comme les pans d'une mortaise. A 5 h., l'animal était toujours affaissé, l'œil ouvert, la pupille normalement dilatée; à 6 h., la tête, qui jusque-là était en l'air, tombait à son tour sans que le lapin pût la relever; il ressemblait alors à une vessie pleine de liquide que l'on placerait sur un plan résistant. L'introduction du thermomètre dans le rectum n'excitait plus de mouvement; 7 h., un peu d'excitation, mais la prostration augmente ; 11 h., la respiration, jusque-là régulière, est devenue irrégulière, intermittente : c'est une série d'inspirations exagérées, rapides ou lentes, avec des intervalles de quinze secondes à une minute. L'animal à la fin pousse quelques petits cris qui paraissent spasmodiques et meurt (Voy. fig. 2, pl. I).

EXPÉRIENCE 4. — Un gros cochon d'Inde est mis, à une heure de l'après-midi, sous une cloche de verre qui contient une éponge imbibée d'essence d'*Eucalyptus*. A 1 h. 30 l'animal est sur le flanc après avoir été très-fortement excité; à ce moment j'enlève la cloche. Les pincements, les piqûres réveillent des mouvements dans tout le corps et même provoquent de petits cris; à 2 h. 30 la rétine paraît avoir perdu sa sensibilité; quand on approche une bougie près de l'œil, on n'observe pas

le moindre mouvement réflexe dans les paupières ni dans
d'autres organes.

Cependant, si on pique la peau, la cornée, le fond de l'oreille
avec une aiguille à dissection microscopique, l'animal est pris
de tremblements convulsifs désordonnés et cutanés ; il cherche,
dirait-on, à fuir de nouvelles piqûres, mais sa volonté n'a plus de
conducteur, bien que les mouvements soient très-puissants. A
4 h. nous faisions la section du bulbe : les actes réflexes de la
moelle ont disparu ; les piqûres, les brûlures ne réveillent plus
de contractions, bien que les muscles et les nerfs soient irrita-
bles sous l'influence de l'électricité ; pas trace de lésion interne;
le cœur bat d'une manière rhythmée vingt minutes encore après
la mort.

EXPÉRIENCE 5.—Je place un gros rat d'égout sous une cloche
dans laquelle se dégagent des vapeurs d'essence d'*Eucalyptus*
en abondance.

La première impression paraît être calmante, l'animal reste
immobile, tranquille, sa respiration se ralentit ; il se retourne
bientôt dans tous les sens, frotte ses narines avec ses pattes,
saute, bondit dans sa prison, et cherche à fuir ; sa démarche
devient chancelante, il éprouve de la difficulté à se tenir
sur ses pattes, et je vois qu'il va bientôt tomber anéanti. Je le
dégage. A cette agitation extrême succède un très-grand calme ;
quelques minutes après la respiration, naguère désordonnée,
haletante, irrégulière, devient moins fréquente, régulière, profonde ; une demi-heure après, la marche est plus assurée, et le
lendemain l'animal est tout à fait bien. —La seule différence
d'avec son état normal, c'est que les inspirations sont moins
fréquentes et très-profondes.

EXPÉRIENCE 6. — On place cinq gouttes d'essence d'*Eucalyptus* sous la peau du dos d'une vigoureuse grenouille : immédiatement la respiration s'accélère, devient haletante, mais

quelques minutes après elle se ralentit, puis devient rare; l'animal s'affaisse alors complétement et meurt dans l'opisthotonos. La respiration est la première fonction qui s'arrête, le cœur continue à se contracter et à battre d'une manière régulière longtemps après la mort.

Dès que la respiration cesse, je pince fortement les pattes de l'animal, j'applique de l'acide acétique, de l'ammoniaque sur les pattes, et je n'obtiens pas le moindre mouvement réflexe.

EXPÉRIENCE 7. — A un chien de moyenne taille, attaché sur la table, j'injecte dans chaque aine quarante gouttes d'essence d'*Eucalyptus*: la température rectale normale, prise à 1 heure, est à 39°,3, le pouls est de 80, le nombre des inspirations est de 22.

Au moment de l'injection, l'animal, qui est attaché et couché sur le dos, pousse un cri aigu, puis se calme; mais bientôt il se produit de l'excitation. A 4 h. 15, l'animal est très-agité, il tire sa langue au dehors, sa respiration est très-irrégulière, haletante; et nous enregistrons les faits suivants :

```
1 h. 1/4. Temp. 40°,   inspir. 44,   pouls, 90.
1 h. 1/2. Temp. 39°,4, inspir. 44,   pouls, 90.
1 h. 3/4. Temp. 40°,   inspir. 80,   pouls, 60.
2 h. .... Temp. 40°,2, inspir. 60,   pouls, 90.
2 h. 1/4. Temp. 40°,   inspir. 60,   pouls, 80.
```

Le thermomètre appliqué dans les aines donne partout en ce moment une température de 40 degrés; la main, appliquée dans ces régions, nous fait percevoir une chaleur excessive, — il y a là évidemment une vive irritation; la respiration de l'animal est régulière.

```
2 h. 3/4. Temp. 40°,   inspir. 36,   pouls, 80.
3 h. .... Temp. 40°,   inspir. 36,   pouls, 80.
3 h. 1/4. Temp. 40°,   inspir. 46,   pouls, 80.
```

Tremblements nerveux dans tous les membres, à chaque
inspiration l'animal est prostré.

3 h. 1/2. Temp. 40°,   inspir. 40, pouls, 80.
4 h..... Temp. 40°,   inspir. 36, pouls, 70.

On détache l'animal, qui va se blottir dans un coin; à partir
de ce moment il va devenir très-calme, une inspiration un peu
convulsive persiste.

5 h..... Temp. 40°,4, inspir. 16, pouls, 70.

Si on le pousse à marcher, il titube un peu sur ses pattes de
derrière et va se recoucher aussitôt. Cette expérience prouve
suffisamment qu'une vive irritation locale, produite par la quantité considérable d'essence injectée, a pu modifier l'action ordinaire de la substance sur la chaleur animale ; mais elle n'a point
empêché son influence caractéristique sur la respiration et sur
la circulation, fonction qui ne se ralentit profondément, d'ailleurs, que lorsque les doses d'essence absorbées ont été considérables. La grande excitation du début de l'expérience
pouvait bien être attribuée, en partie, à la position de l'animal ;
pour nous en assurer nous lui avons fait absorber deux jours
après par l'estomac cinquante gouttes du même produit.

Expérience 8. — Au chien qui a subi l'expérience précédente, nous faisons absorber par l'estomac cinquante gouttes de
notre essence à 2 h. 25 m. Au moment de l'expérience la chaleur normale est de 40°,5, le nombre des inspirations est de 26.

2 h. 40. Temp. 40°,   inspir. 24. — L'animal est calme.
3 h..... Temp. 40°,   inspir. 18.
3 h. 1/2. Temp. 39°,4, inspir. 18.

Quelques tremblements fibrillaires cutanés, mais l'animal

s'endort, sa respiration continue à se ralentir, il est très-calme et prostré.

6 h. Temp. 39°,2, inspir. 16.

Si on l'excite à marcher, il titube et va se coucher dans un coin de l'appartement, à 7 h. il dort tranquillement.

Le lendemain matin à 8 h. Temp. 39°, inspir. 16. — L'animal est très-calme
et très-caressant.
A 2 h. Temp. 39°,2, inspir. 18.

Expérience 9. — J'injecte vingt gouttes d'essence d'*Eucalyptus* dans la cuisse d'un pigeon, du poids de 200 grammes, à 2 h. 30.

La température normale, à cet instant, sous l'aile ou dans le rectum, est de 42 degrés ; les inspirations sont au nombre de 40 par minute. Toutes les cinq minutes on enregistre la température et la respiration jusqu'à 3 h. 57.

A 2 h. 35 la température a baissé d'un degré, les inspirations tombent à 22 ; l'animal paraît tranquille. A 3 h. 40, il est affaissé et paraît sommeiller ; sa température est de 40 degrés, et je compte 18 inspirations. Jusqu'à 3 h. rien ne change dans la situation, mais à partir de ce moment des phénomènes nouveaux se déclarent.

La température à 3 h. 5 est à 39°,5, les inspirations à 18. La température continue à baisser progressivement jusqu'à 3 h. 30, où elle atteint 37°,8, tandis que la respiration varie peu. L'animal, qui jusque-là sommeillait, et paraissait insensible au bruit extérieur (*je frappais sur la table*), se réveille, devient excitable, veut marcher, fuir, mais trébuche sur ses pattes et tombe. A 3 h. 57, la température est remontée à 38°,5, les inspirations à 22. A 4 h. 15, nouvel abaissement de la colonne mercurielle, qui s'arrête à 38 degrés, et de la respiration qui est à 18. L'animal s'agite encore par boutades, mais se rendort. La température augmente ensuite peu à peu et atteint son summun. A 5 h. 15, elle est à 38°,8, ensuite elle baisse, et à 6 h. 35 elle est à 37 degrés, les inspirations restent à 20; l'animal est pris de légers frissons fibrillaires, il ne peut soutenir sa tête, elle glisse doucement sur la table. Désirant voir des effets plus rapides, j'inocule de nouveau quarante gouttes sous la patte : dix minutes après, l'animal est dans une immobilité absolue, couché sur le flanc, il est insensible aux piqûres d'aiguille. La température est à 36°,6, les inspirations à 16. A partir de cette heure la température baisse rapidement; à 7 h., elle est à 32 degrés, la respiration subit également une décroissance graduelle et rapide, et à 9 h. l'animal meurt après avoir présenté de longues intermittences dans sa respiration. La température alors était de 27 degrés; l'animal n'est donc mort que sept heures après la première inoculation.

EXPÉRIENCE 10. — Lapin de 700 grammes, ayant reçu vingt-cinq gouttes d'essence d'*Eucalyptus*.

Température normale du rectum, 40 degrés.

Nombre d'inspirations, 140.

Après avoir enregistré ces phénomènes, on injecte le liquide dans l'aine, à 2 h. 45 m.

A 3 h., calme, température 39 degrés.

Nombre d'inspirations par minute, 130.

```
3 h..... Temp. 39°,   inspir. 130. — Calme.
3 h. 1/4. Temp. 39°,   inspir. 115. — Calme parfait.
3 h. 1/2. Temp. 38°,8, inspir. 105. — Calme persistant.
3 h. 3/4. Temp. 38°,4, inspir. 260. — Calme profond.
4 h..... Temp. 38°,4, inspir.  95.
4 h. 1/4. Temp. 38°,2, inspir.  90. — Se laisse provoquer en vain.
4 h. 1/2. Temp. 38°,  inspir.  90. — Refroidissement des oreilles.
```

5 h. L'animal, dont la respiration et la chaleur sont stables, reprend sa vivacité ordinaire; gai, le poil lisse et luisant, il se

dirige vers des herbages placés loin de là, bien qu'en titubant un peu. Le lendemain matin la température s'élevait à 40 degrés centigrades, et l'on comptait 90 inspirations par minute.

EXPÉRIENCE 11. — Le 31 janvier 1870 nous prîmes, à 3 h. de l'après-midi, six capsules d'*Eucalyptus*, contenant chacune quatre gouttes d'essence, le pouls était à 80, la température à 37°,4. Au bout d'une demi-heure nous eûmes quelques renvois, qui cessèrent au bout d'un quart d'heure ; à 4 h., le pouls et la température n'avaient pas varié, la tension vasculaire avait un peu diminué ; 5 h., les urines sentent la violette ; 10 h. du soir, besoin extrême de dormir, nous n'avons pas l'habitude de nous coucher avant minuit. La nuit a été parfaite, contrairement à celle qui l'avait précédée, et nous nous sommes éveillé dans un état de bien-être extrême. Les urines ont été recueillies avec soin pendant vingt-quatre heures : 10 grammes, analysés par le procédé Lecomte, ont donné 150 centimètres cubes d'azote, ce qui fait pour un litre de liquide éliminé 15 décimètres cubes ou litres d'azote, ce qui équivaut à 40 gr., 54 d'urée, alors que la proportion ordinaire est de 30 p. mille. (Berzelius, Longet).

Le lendemain, à la même heure, nous prenons seulement deux capsules : mêmes effets, nuit très-calme. Les urines, plus abondantes, sont recueillies pendant vingt-quatre heures : 10 grammes donnent, par l'analyse, 160 centimètres cubes d'azote. Le troisième jour, à trois heures, nous prenons encore deux capsules : mêmes effets sur le système nerveux, les urines analysées comme précédemment donnent 150 centimètres cu- bes d'azote; et ainsi de suite pendant trois jours. Nous n'avons jamais ressenti à cette dose aucun malaise stomacal. Après six jours de repos, nous reprîmes un jour dix gouttes d'essence, les résultats furent les mêmes.

EXPÉRIENCE 12. — Le 15 février 1870, à trois heures du soir, nous prenons quarante gouttes d'essence d'*Eucalyptus* pure dans un peu d'eau : sensation de fraîcheur, suivie de chaleur à la gorge, chaleur stomacale, renvois, tels sont les symptômes que nous éprouvons. A 3 h. 30, voulant étudier les effets des grandes doses, nous prîmes encore quarante gouttes d'essence : la même sensation stomacale persista, mais sans douleur, et se prolongea pendant vingt-quatre heures avec une légère diminution de l'appétit; la tête devint douloureuse. J'exhalais au loin des parfums d'*Eucalyptus*, je changeai d'habits et de linge ; néanmoins je répandais cette odeur partout où je me trouvais. Mon sommeil fut bon et mes urines sentirent la violette pendant quarante-huit heures, pas d'hyposthénie. Il est vrai de dire que nous jouissons d'une très-forte santé et que la dose absorbée était peut-être insuffisante.

Nous nous reposâmes huit jours de ces expériences, nous recommençâmes alors pour mesurer, si c'était possible, l'influence de l'essence sur la tension artérielle et la fréquence du pouls; à 2 h. 30 de l'après-midi nous prîmes dix gouttes d'essence d'*Eucalyptus*. Les fonctions étaient dans l'état suivant :

Temp. 37°, pouls, 80.

La tension artérielle, mesurée au sphygmographe de Marey, n'a pas donné des résultats concluants pour cette expérience. Nous en avons eu l'appréciation par l'abaissement du pouls, nous ne donnerons pas les tracés. Pour donner une appréciation réelle il faudrait observer les changements de tension sur la carotide d'un chien.

2 h. 50, fraîcheur à la gorge, sentiment de chaleur douce dans l'estomac, renvois.

Temp. 37°, pouls, 80.
A 4 h. Temp. 37°, pouls, 70.

Aucun sentiment de malaise, bien-être extrême, urines claires exhalant l'odeur de violette, nuit parfaitement calme.

CHAPITRE VII

EFFETS EXTERNES ET INTERNES DE L'ESSENCE D'EUCALYPTUS.

I. L'essence d'*Eucalyptus* (1) appliquée en petite quantité (cinq ou six gouttes au plus) sur les muqueuses palatine, pharyngée, uréthrale, vaginale et conjonctivale, sur les plaies, les ulcères de toute nature, provoque une congestion légère et de peu de durée; mais, distribuée *larga manu*, elle irrite les tissus, et la congestion, au lieu de durer quelques heures, dure deux ou trois jours, tout en restant indolente et superficielle. Nous ne l'avons jamais vue, en effet, produire des engorgements ou des inflammations. Cette impression fait naître dans la bouche une saveur fraîche et piquante, analogue à celle que provoque la menthe ingérée à petite dose; dans l'estomac vide l'essence donne la sensation d'une chaleur douce et agréable, suivie quelquefois de quelques renvois d'*Eucalyptus*, sensation qui passe inaperçue si on la prend en mangeant. Mais, après une forte dose (quatre-vingts gouttes), on éprouve de la chaleur buccale, stomacale, intense, à laquelle s'ajoute quelquefois un peu de douleur. Je n'ai jamais pu constater de l'irritation intestinale dans les nombreuses expériences que j'ai faites sur moi-même. Les vapeurs de cette essence, pénétrant directement par inhalations dans les voies respiratoires, produisent sur la muqueuse des effets analogues à ceux que nous venons de signaler: à faible dose, elles sont agréables ; en trop grande abondance, elles irritent et font tousser l'expérimentateur.

C'est ainsi que quelques bouffées de fumée d'une cigarette d'*Eucalyptus* calment la toux et l'oppression, tandis que l'in-

____

(1) Tous les *Eucalyptus* donnent le même produit essentiel, nous nous dispenserons désormais de désigner les espèces.

halation des vapeurs d'une infusion d'une grande quantité de feuilles fait souvent tousser les malades. De même, les animaux des expériences 4 et 5, maintenus dans une atmosphère de ces vapeurs, sont tombés dans un état d'excitation extrême au bout de quelques minutes, par le fait de l'irritation du nez et des bronches, excitation diminuant et cessant sitôt qu'on les plaçait dans des conditions normales. Cette propriété d'irritant léger, de substitutif, a été mise à profit dans la thérapeutique. Nous avons pu traiter avec succès des plaies atoniques des membres inférieurs (Observ. 11, 12), des plaies de mauvaise nature (Observ. 14), et surtout les plaies des furoncles. On pourrait également l'employer dans certaines affections chroniques de la peau, telles qu'ulcères variqueux, eczémas humides, accidents syphilitiques, etc., plaies gangréneuses (Observ. 13). Dans tous les cas, il a rendu un service immédiat, c'est la désinfection de la suppuration. A cet égard, l'essence d'*Eucalyptus* ne saurait être négligée. (Observ. 11, 12, 13, 14.)

II. Les premiers phénomènes que l'on observe sur les animaux à la suite des injections hypodermiques dans l'aine ou après l'absorption stomacale, sont des troubles du système nerveux. Cinq ou dix minutes après la pénétration de l'essence, suivant la dose employée, le lieu où l'on a fait l'inoculation, le poids de l'animal sur lequel on expérimente et son état actuel de repos ou d'excitation, on voit généralement un grand calme succéder à l'état d'excitation dans lequel se trouve la bête dans les mains de l'expérimentateur; l'animal ne cherche plus à fuir, ses mouvements sont plus lents ; sa respiration se ralentit, devient plus profonde et très-régulière ; il ne paraît nullement incommodé de l'action locale de la substance, d'autres fois cependant on voit survenir une légère excitation. Dans ce cas, les animaux allongent vivement le cou, regardent dans tous les sens, urinent parfois, se meuvent brusquement, paraissent plus alertes en un mot; mais au bout de dix minutes le calme revient complétement. Si, procédant autrement, on fait absorber par les voies respiratoires des vapeurs d'essence se dégageant abondamment sous une cloche (Exp. 4, 5), la scène change. Après quelques minutes d'un calme apparent, l'animal (rat, cochon d'Inde) sort la langue, frotte sans cesse ses narines avec les pattes; la respiration s'accélère, devient haletante, irrégulière; il bondit violemment, se heurte contre les parois de la cloche jusqu'au moment où il ne peut plus se tenir sur ses pattes et où il tombe anéanti sur le flanc. A partir de cette période de cet empoisonnement, l'animal ressemble à ceux qui ont reçu de très-fortes doses de poison sous la peau; alors la description des symptômes se confond dans les deux cas.

Il est de toute évidence que cette excitation était le fait de l'action irritante de l'essence sur la muqueuse broncho-laryngée, et non le fait de l'empoisonnement; car, sitôt qu'on enlevait la cloche, l'animal devenait plus tranquille et le calme arrivait lorsque l'empoisonnement était manifeste. Des phénomènes analogues se produisent durant les premiers moments qui suivent une injection sous-cutanée trop forte faite à des animaux plus sensibles, le chien par exemple.

En effet, dans l'expérience 7 nous voyons le chien être très-excité peu après une injection de 160 gouttes d'essence sous la peau, présenter même une augmentation de sa température animale et se calmer ensuite, tandis que, dans l'expérience 8, le même animal était le lendemain très-calme après en avoir reçu dans l'estomac 50 gouttes; il n'était pas encore débarrassé de la dose qu'il avait absorbée la veille, et cette addition aurait dû l'exciter au dernier degré si cela eût dépendu de l'action de l'essence sur le système nerveux, mais dans les conditions premières nous n'observons rien de pareil. Après le premier effet sur la respiration, il survient de la titubation qui, commençant dans le train postérieur, se propage peu à peu jusqu'au train antérieur, comme d'ailleurs dans tous les empoisonnements. Si l'animal essaye de faire un pas en avant ou en arrière, il chancelle, tombe sur le flanc comme s'il était ivre, se relève

aussitôt pour retomber encore, et se remettre une dernière fois
sur pieds; n'osant bientôt plus remuer, il s'accroupit soigneu-
sement sur ses pattes et reste immobile; pendant que ces troubles dans l'équilibre augmentent, la respiration se ralentit encore
et la chaleur de l'animal baisse. Si à ce moment on examine
l'état de la sensibilité, on la trouve émoussée; si, tandis qu'il
a les yeux ouverts, on le menace de près, on frappe violemment
sur la table, il reste tranquille; une piqûre d'aiguille dans le
dos, le voisinage à 5 millimètres de l'œil d'un fer chauffé au
rouge ne déterminent aucune réaction volontaire ou involontaire
dans le corps ou dans les paupières. Cependant, si on répand
quelques gouttes d'essence sur la conjonctive, on voit immédiatement cette membrane rougir, mais la pupille reste immobile. Cet
état d'indifférence, d'hyposthénie nerveuse, de ralentissement
vital, peut durer une demi-heure, deux heures, plus longtemps
encore, suivant la résistance de l'animal et l'intensité de la dose
administrée; mais au bout de ce temps on voit l'animal revenir
peu à peu à la vie, il allonge le cou, tourne la tête à droite et
à gauche tandis qu'elle était fixe, il essaie de faire quelques pas
tout en chancelant encore, bientôt il devient plus excitable; si
on le pique, il fuit; si on le met en présence d'aliments, il
mange, ce qu'il n'aurait pas fait une demi-heure avant; son
poil est lisse, ses oreilles, naguère abattues et flasques, sont
mouvantes; la chaleur du corps s'élève peu à peu, et au bout de
huit à dix heures il est revenu à son état normal (Exp. 8, 10, 14).

En somme, lorsque la dose de la substance absorbée a été
sérieuse (25 gouttes pour les lapins des exp. 10, 13, 14), les
animaux sont impressionnés profondément, néanmoins ils s'af-
franchissent peu à peu de son influence; mais lorsqu'elle est
toxique, tout change, l'animal passe plus rapidement par les
phases précédentes et tombe sur le flanc pour ne plus se relever (Exp. 3, 4, 5, 6, etc.). La chaleur animale, au lieu de rester
stationnaire, continue à baisser; au refroidissement central se
joint un refroidissement superficiel, la circulation, qui jusqu'à

présent n'avait pas présenté de variations bien notables ou plutôt de l'accélération, se ralentit graduellement, les inspirations deviennent beaucoup moins fréquentes. Le système nerveux ne tenant plus en éveil la tonicité musculaire, le corps devient flasque, mou; la cage thoracique, le ventre, s'affaissent. Pendant que cette dégradation vitale s'accomplit, la sensibilité subit des atteintes corrélatives, l'animal n'a plus la sensation de résistance; s'il fait des mouvements, ils sont partiels, localisés dans un organe, indéterminés; on dirait que la moelle ne transmet plus une volonté arrêtée; les piqûres profondes dans la cornée, sur toutes les autres parties du corps, ne réveillent que des mouvements fibrillaires et diffus de la peau. Les paupières restent toujours écartées, immobiles, malgré toutes les excitations faites sur le globe, preuve évidente qu'elles ne subissent plus d'action réflexe; peu à peu tous ces symptômes s'aggravent, la respiration devient irrégulière, intermittente, rare. Quelquefois on voit survenir des troubles convulsifs des muscles de la poitrine accompagnés de petits cris spasmodiques, mais le plus souvent la vie s'éteint insensiblement par l'arrêt de la respiration, car le cœur continue à battre encore régulièrement longtemps après la mort.

Les grenouilles, sous l'influence de l'*Eucalyptus*, présentent des symptômes un peu différents après l'intoxication. La respiration s'accélère, puis se ralentit et s'arrête, et l'animal succombe; quelquefois il survient en ce moment de l'épisthotonos qui est sans doute la conséquence de l'imbibition de la moelle par l'essence.

Dans toutes ces expériences nous avons examiné les animaux morts, avec le plus grand soin, nous n'avons jamais trouvé trace de lésion interne, tous les organes étaient exsangues et le cœur battait toujours régulièrement. Les battements persistaient une demi-heure chez les lapins, plus d'une heure chez les grenouilles, preuve évidente que cet organe n'était pas atteint.

Chez tous nos lapins les urines étaient plus ou moins rouges ou brunes et exhalaient un parfum d'iris ou de violette très-marqué.

Il importe de faire ressortir certains phénomènes que nous nous sommes contenté de signaler pour montrer à quelles déductions utiles ils peuvent conduire.

III. La respiration, avons-nous dit, se ralentit sitôt après l'absorption d'une certaine quantité d'essence ; ce ralentissement est d'autant plus marqué que la dose absorbée a été plus grande, relativement au poids de l'animal, qu'elle a pénétré sans irriter les organes, et que la respiration était normalement plus fréquente. Ces faits sont incontestables. Tandis que 5 gouttes du liquide ne produisent aucun effet sur la respiration d'un lapin, 25 gouttes éprouvent fortement cette fonction (Exp. 10) ; 5 gouttes cependant tuent rapidement une grenouille.

Les expériences 3 et 10 prouvent que le ralentissement n'est pas toujours proportionné à la dose de la substance ou au poids de l'animal, mais bien à la fréquence des inspirations ; en effet, une demi-heure après l'injection de 45 gouttes, au lapin 3, il y a une diminution de 20 inspirations, tandis que, dans le même laps de temps, le lapin 10, qui pèse plus que le précédent, respire 105 fois alors qu'il respirait 140 fois avant ; il n'a reçu cependant que 25 gouttes de liquide ; ce fait est constant, nous l'avons constaté dans toutes nos expériences.

Quant à l'influence perturbatrice de l'irritation par l'essence, nous en avons des témoignages éclatants dans les expériences 4, 5, 7. Dans ces cas (4, 5), la respiration ne s'est ralentie que lorsque les animaux ont été complétement empoisonnés ou qu'on les a délivrés (Exp. 7).

La rapidité des effets est subordonnée à l'influence réciproque de ces différentes conditions.

La diminution s'opère, en général, brusquement dans les premiers moments qui suivent l'injection, mais après il y a une dégradation lente que l'on peut constater tous les quarts d'heure.

En effet, dans l'expérience 10 la respiration a subi dans le premier quart d'heure une diminution de 25 inspirations par minute, puis de 10 dans le second, de 5 dans le troisième, le quatrième, etc., jusqu'au moment où elle est restée stationnaire. Dans ce cas on peut prévoir que l'animal ne mourra pas ; on en a du reste une preuve certaine lorsque l'on voit, comme ici, le nombre des inspirations rester à 90 pendant une heure environ; mais lorsque l'animal a été empoisonné, et qu'il doit mourir, toutes les cinq minutes il y a diminution de fréquence avec quelques irrégularités passagères; et s'il survient un état stationnaire, il est de courte durée et ne coïncide pas avec un arrêt corrélatif dans l'abaissement de la chaleur animale (Exp. 1) ; tandis que, dans l'expérience 10, il y a une immobilité pour la chaleur et la respiration. J'ai pu vérifier ces faits un grand nombre de fois, ils sont un excellent guide pour la thérapeutique. Supposez que dans un cas grave, le tétanos réflexe par exemple, on veuille administrer l'*Eucalyptus*, on sera peut-être obligé de pousser la médication jusqu'à l'hyposthénisation et l'on sera dans l'inquiétude. Mais si la respiration, la chaleur animale, restent stationnaires pendant deux ou trois heures, on ne contrariera pas la médication; de même qu'on n'ira pas plus loin si l'on obtient l'effet désiré, de même aussi on pourra administrer de nouvelles doses de médicament si la respiration et la chaleur animale se relèvent simultanément. Par contre, si la respiration continue à baisser avec une hyposthénie croissante et une diminution de chaleur animale, on devra suspendre la médication et relever le sujet.

Les écarts de la respiration compatibles avec la vie ont été parfois considérables. Dans l'expérience 10 il y a un abaissement de 50 inspirations. Dans l'expérience 14 il a été de 40, chez le chien de l'expérience 8 il a été de 8, et dans l'observation 2 de 15.

Nous avons toujours observé une diminution de fréquence dans la respiration chez l'homme malade, et d'autant plus marquée que le désordre était plus accentué, ce qui rentre dans notre loi de diminution des inspirations proportionnellement à leur fréquence.

IV. La *chaleur animale*, avons-nous dit, subit un abaissement notable, excepté lorsque l'injection n'a pas été suffisante pour empoisonner l'animal, mais très-suffisante pour irriter ses tissus (Exp. 7). Dans l'expérience 10 il y a eu une différence de 2 degrés; dans l'expérience 14 elle a été de 3 degrés, cependant la dose et le poids de l'animal étaient identiques; et de 1°,1/2 dans l'expérience 8. Cette progression descendante se fait d'une manière régulière et coïncide toujours avec une diminution de fréquence de la respiration. Les animaux sont morts alors que la chaleur atteignait 25 à 27 degrés (Exp. 1, 3, 9, etc.).

V. Les changements qui surviennent dans la circulation sont plus difficiles à apprécier parce qu'ils sont moins évidents; en général nous avons vu diminuer le nombre des battements du cœur à la fin des expériences. Dans l'expérience 7, le pouls est tombé de 80 à 60 sur nous-même. 20 gouttes d'essence ont fait baisser le pouls de 80 à 70, mais l'effet constant dans tous les cas, c'est une diminution de la tension artérielle (Exp. 12). Chez les animaux les effets ne sont bien manifestes que lorsque l'intoxication est très-avancée. La résistance de l'organe central est d'ailleurs telle qu'il continue à battre régulièrement après la mort.

VI. L'*impression de l'Eucalyptus* sur le système nerveux des animaux nous est connue objectivement, mais les sensations subjectives que ce produit fait naître demandent à être bien déterminées. Pour mieux les étudier nous en avons absorbé dans toutes les conditions. Après des doses modérées, 10, 20, 40 gouttes (Exp. 11, 13, 2ᵉ partie), nous étions, au bout de trois heures, dans un état de bien-être, de calme parfait; le cerveau était plus dispos au travail, plus apte à la compréhension, nous sentions une souplesse particulière dans les jambes, le sommeil de la nuit qui suivait était profond, tranquille, réparateur.

Mais à forte dose, 80 à 100 gouttes, l'*Eucalyptus* produit de l'excitation passagère, du mal de tête et un peu de fatigue (Exp. 12), allant jusqu'à la prostration et au sentiment de paralysie (Obs. 1, 2, etc.) ; le sommeil cependant n'était pas plus mauvais.

Que devient la sensibilité réflexe dans ce cas? Elle est sans doute émoussée dans les observations 1 et 4 ; dans les expériences précédentes elle est éteinte. Nous n'avons jamais pu préciser exactement la diminution de cette forme de la sensibilité chez l'homme.

L'effet calmant de cette substance est incontestable pour nous, nous avons eu l'occasion de l'observer cent fois, et nous en donnerons des preuves plus loin. Cet effet sédatif sur le système central se propage naturellement aux systèmes périphériques, d'où le calme général.

CHAPITRE VIII

COMMENT LES ANIMAUX ET L'HOMME SE DÉBARRASSENT-ILS DE LA SUBSTANCE?

I. Deux voies surtout paraissent être propres à l'élimination de l'essence d'*Eucalyptus*.

1° Les reins ; 2° le poumon.

1° L'élimination de la substance naturelle ou transformée par les urines nous paraît incontestable. En effet, toutes les fois que nous ou nos malades avons absorbé ce produit, au bout d'une ou deux heures, les urines exhalaient un parfum de violette, d'autant plus marqué que nous ajoutions quelques gouttes d'acide nitrique au liquide excrété.

En outre, toutes les fois que nous l'avons administrée, soit dans les catarrhes de la vessie (Observ. 1), soit dans les uréthrites, nous l'avons vue produire une action irritante substitutive locale, comme sur les surfaces cutanées dénudées et les muqueuses apparentes. Tous nos lapins, les chiens, présentaient également des urines parfumées, et le plus souvent c'était l'odeur d'iris qui dominait.

D'après ces faits, il est sans doute permis de conclure que les reins éliminent notre essence.

II. A ce fait se rattache une particularité des plus importantes : en analysant nos urines par le procédé Lecomte, nous avons reconnu que, sous l'influence de l'*Eucalyptus*, il passait par la vessie beaucoup plus d'urée que d'habitude. En effet, sur trois lapins qui n'avaient pas absorbé de l'*Eucalyptus* nous avons constaté que 10 grammes d'urine, retirés par le cathétérisme, donnaient en moyenne de 20 à 25 centimètres cubes d'azote, c'est-à-dire pour un litre d'urine (37 centimètres cubes d'azote sont fournis par un décigramme d'urée) 6 centigrammes d'urée; tandis que deux analyses faites sur des urines de lapins qui avaient absorbé de l'*Eucalyptus*, donnaient pour 10 grammes, l'une 60 centimètres cubes d'azote, l'autre 65, — l'injection avait été de 25 gouttes d'essence.

Voulant donner plus de valeur à ce fait, nous avons expérimenté sur nous-même pendant deux jours; nous avons recueilli nos urines saines : 10 grammes de ce liquide nous donnèrent 80 centimètres cubes d'azote ou 20 grammes environ par litre d'urine.

Le lendemain nous prîmes 24 gouttes d'essence, et 10 grammes des urines de vingt-quatre heures, recueillies avec soin, nous donnèrent 145 centimètres cubes d'azote ou 40 grammes d'urée par litre, lorsque les urines normales n'en contenaient que 20 à 25 grammes environ.

Le jour suivant nous prîmes, vingt-quatre heures après la première dose, 8 gouttes d'essence: l'effet se continua, nous obtinmes, de 10 grammes d'urine recueillie dans les mêmes conditions, 150 centimètres cubes d'azote.

Le troisième jour, nous fîmes les mêmes expériences avec le même résultat. Pendant ces cinq jours nous nous étions attaché à mener le même régime.

Quatre jours après, 10 grammes pris dans les urines de la journée, ne donnaient que 80 centimètres cubes d'azote. Le fait a, selon nous, une importance capitale; il existe une série d'affections où il serait si utile de se débarrasser de l'urée; à ce titre, il réclamerait une nouvelle confirmation que nous nous efforcerons de donner plus tard.

III. Le *poumon* est une des voies d'élimination de la substance comme il en est une voie d'absorption. La constatation de ce fait est plus difficile que pour la vessie. Après les doses modérées, l'haleine n'exhale aucune odeur (1); mais si la quantité absorbée est plus considérable (Exp. 12), elle a un parfum d'*Eucalyptus* adouci. Si le doute était possible, il disparaîtrait lorsqu'on l'administre dans les affections broncho-pulmonaires. Nous avons constaté que cette essence augmentait ou diminuait les sécrétions suivant les doses employées, qu'elle clarifiait la voix dans certaines circonstances, qu'elle pouvait même produire des hémoptysies.

L'examen des observations 2, 4, 7, 8, 9, 10, sera pour le lecteur une preuve de ce que nous avançons.

IV. L'*Eucalyptus* s'élimine-t-il par la peau?

Nous n'avons pas de preuves péremptoires de ce phénomène si ce n'est le fait de l'observation 12. Quant à l'intestin, il l'absorbe, et les matières qui y circulent perdent toute mauvaise odeur, propriété que l'on pourrait mettre à profit dans certaines

___

(1) Au moment où nous mettons sous presse ce travail, un jeune malade qui prend seulement deux capsules d'*Eucalyptus* par jour, constate, avec moi d'ailleurs, que son expiration est parfumée à l'*Eucalyptus* et que cette odeur est surtout très-évidente lorsqu'il met la main devant sa bouche, auquel cas l'haleine est réfléchie sur le nez.

maladies intestinales (1). En somme, grâce à ces deux portes de sortie, l'économie s'affranchit de l'essence, et l'équilibre un moment rompu se rétablit, de même que les désordres pathologiques un moment calmés peuvent recommencer.

La durée de l'élimination est variable, elle paraît être proportionnée à la quantité d'essence absorbée. Elle a duré vingt-quatre heures (Exp. 11), quarante-huit heures et même davantage (Exp. 12). Ce fait est capital et il doit nous servir de guide dans la réglementation des doses dans les maladies.

L'excès de ce produit dans le sang peut occasionner des effets différents de ceux que l'on désire.

En effet, j'ai eu occasion de donner de l'*Eucalyptus*, dans une phthisie compliquée d'asthme : tant que le malade prenait trois capsules par jour (ainsi que je l'ordonnais), il avait des nuits irrégulières ; je pris le parti de ne lui donner cette dose que tous les deux jours, et à partir de ce moment les nuits devinrent excellentes. Évidemment dans le premier cas il y avait accumulation relative d'essence dans le sang, et le jour où chaque dose agit librement sans s'ajouter à l'effet de la précédente déjà éliminée, il y eut un calme parfait.

CHAPITRE IX

MÉCANISME PHYSIOLOGIQUE DE LA MORT PAR L'ESSENCE D'EUCALYPTUS.

La mort dans les expériences précédentes survient-elle par suite d'une action spéciale de ce produit sur les hématies, sur les substances albuminoïdes, sur les nerfs, les muscles, ou sur un organe important ? Tel est le problème à résoudre.

(1) Dans l'observation de névralgie flatulente de l'estomac qui termine la série thérapeutique, les fèces étaient très-odorantes. — Ce fait s'est renouvelé depuis, toutes les fois que l'*Eucalyptus* a été administré dans les troubles de l'estomac.

1. L'*Eucalyptus* ne paraît pas agir sur les globules du sang ; nous les avons examinés à tous les moments de nos expériences, jamais leur forme, leur couleur, leur consistance, n'ont paru altérées.

Les substances albuminoïdes nous ont paru saines.

La mort est-elle la conséquence d'une asphyxie pulmonaire ? Mais nous ne trouvons dans le poumon aucune trace de ce trouble mécanique, il est constamment exsangue. Provient-elle d'une syncope ? Il n'en est rien, car dans toutes nos observations le cœur a présenté des battements rhythmés longtemps après la mort ; la cause de l'arrêt de la vie gît dans une lésion fonctionnelle d'une partie du système nerveux central, les muscles et les nerfs périphériques restant intacts.

Tous les physiologistes savent qu'après avoir décapité une grenouille, si l'on pince l'intestin, les pattes, ou si l'on fait l'application de quelques gouttes d'ammoniaque à l'anus de l'animal, il se produit d'énergiques mouvements réflexes dans le lieu impressionné ; ces mouvements se propagent en outre dans tout le corps lorsque l'impression est très-forte. Sur les grenouilles empoisonnées par l'*Eucalyptus*, ainsi que chez tous les animaux ainsi intoxiqués, rien de semblable n'a lieu : les excitations, les irritations par les moyens ordinaires, sont insuffisantes à faire naître un mouvement réflexe. Cette impuissance tient à l'action de l'essence sur la moelle. Voici une expérience qui prouve ces deux propositions.

Nous interrompons sur une grenouille toute communication vasculaire entre le corps et le train postérieur de l'animal, par une ligature en masse des vaisseaux lombaires, par contre nous laissons intacts les nerfs lombaires. Si alors on pince une partie quelconque de l'animal, même celle qui ne reçoit pas de sang, on réveille immédiatement les mouvements partout.

J'injecte 3 gouttes d'essence sous la peau du dos de la bête, qui meurt rapidement. Je pince ses pattes antérieures et postérieures, je fais des applications d'ammoniaque, d'acide sulfuri-

que sur la peau, mais en vain ; il n'apparaît pas plus de mouvement dans le corps que dans le train postérieur qui a été pré-
servé de tout poison.

Appliquons maintenant un faible courant électrique sur les
nerfs lombaires, immédiátement le train postérieur se con-
tracte ; la même application faite sur les nerfs qui ont été imprégnés de la substance toxique, fait naître des contractions
dans les muscles qui reçoivent leurs filets, de plus l'excitation
directe des muscles est suivie de contractions. D'après ces faits
il est clair que les nerfs qui sont imprégnés d'essence et ceux
qui ne le sont pas ont conservé leurs propriétés normales, et cependant les mouvements réflexes ont cessé. Ils ont cessé parce
que les cellules multipolaires de la moelle, les postérieures,
sont paralysées. En effet, s'il n'en était pas ainsi, il est clair que
l'application des irritants et de l'électricité sur les nerfs du corps
aurait un retentissement soit dans une autre partie de la région
antérieure de l'animal, soit dans le train postérieur ; or, dans
aucun cas il n'en est ainsi. Les mouvements réflexes disparais-
sant, la persistance de l'irritabilité électrique des nerfs n'a
pour conséquence que des manifestations directement centri-
fuges, et jamais des effets centripètes.

II. Pour qu'on ne puisse pas penser qu'une goutte de
poison ait pu pénétrer dans le train postérieur, je fais l'expérience suivante, déjà bien connue d'ailleurs. J'enlève à une
grenouille toute sa région lombaire, sauf les nerfs de la région.
L'animal tout entier est excitable par les moyens ordinaires, et
si l'on applique le courant électrique sur les nerfs lombaires
et sur toute autre partie du corps, on observe des mouvements
volontaires et involontaires, non-seulement dans les muscles,
qui reçoivent l'influx des nerfs en expérience, mais encore dans
toutes les autres parties du corps, preuve évidente de la parfaite solidarité fonctionnelle de tout le système nerveux. Nous
plaçons dans le dos 3 gouttes d'essence d'*Eucalyptus*, l'animal
meurt en présentant les symptômes ordinaires ; les brûlures,

les pincements sur le train postérieur, ainsi que l'application
d'ammoniaque à l'anus, ne réveillent pas la moindre contrac-
tion dans le train postérieur qui n'a pas reçu de poison. Si par
contre nous appliquons le courant électrique sur les nerfs lombaires, immédiatement nous avons des contractions musculaires
dans le train postérieur, comme avant l'intoxication, ce qui devait être. Donc, les nerfs restant sains, il est de toute évidence
que les mouvements réflexes ne se sont pas produits dans le
train postérieur à la suite d'impressions sur les pattes, parce
que les cellules multipolaires de la moelle, intermédiaire obligé
de tout mouvement réflexe, ne fonctionnent pas pour ces nerfs.
Bien plus, cette suspension fonctionnelle se fait encore ici tout
le long de la moelle et très-probablement dans le cerveau. En
effet, tandis que l'application de l'électricité sur tous les nerfs
du train antérieur réveille au-dessous du nerf excité des contractions aussi énergiques que celles que nous avons observées
déjà dans le train postérieur, jamais elle n'en provoque dans le
train postérieur, ce qui était tout différent avant l'empoisonnement. Donc les cellules de la moelle, les cellules postérieures
surtout sont lésées dans toute l'étendue du cordon central.

Tout en recevant les impressions, elles ne les réfléchissent et
ne les transforment point en mouvements ; elles sont donc paralysées, et si le doute pouvait exister dans l'esprit du lecteur,
il disparaîtrait après la lecture de l'expérience suivante faite
devant témoins.

III. Quatre vigoureuses grenouilles sont mises en expérience. Deux d'entre elles, affranchies de toute intoxication, sont
prises comme terme de comparaison ; à l'une nous coupons la
tête, tandis que nous enlevons la région lombaire, sauf les nerfs,
à la seconde.

Les deux autres vont être empoisonnées comme il suit, et la
série des phénomènes observés mise en parallèle avec ceux
qu'on remarque sur les premières grenouilles.

A une des grenouilles choisie pour l'empoisonnement je fais

la section des lombes entièrement comme ci-dessus, de telle
sorte que le train postérieur ne reçoit plus de sang artériel. Si
l'on applique alors les excitateurs électriques sur l'intestin, sur le
dos, on a immédiatément des mouvements dans tout le corps.
L'animal reçoit 5 gouttes d'essence sous le dos ; sa respiration
s'accélère d'abord, puis se ralentit et s'arrête ; à ce moment
l'application des acides chlorhydrique, acétique, etc., sur un
des points du corps et principalement sur les pattes, ne réveille
aucun mouvement réflexe, tandis qu'une goutte de ces liquides
tombant sur le corps des deux grenouilles précédemment opé-
rées provoque une agitation musculaire dans toutes les parties
de l'animal. Cependant les nerfs ne sont pas lésés dans les deux
cas, car l'électricité appliquée sur les nerfs lombaires de la grenouille saine, sur les nerfs du corps de la grenouille empoisonnée, fait naître des contractions musculaires aussi énergiques et aussi prolongées que lorsqu'on l'applique sur les nerfs
lombaires, restés sains, de la grenouille empoisonnée ; donc les
nerfs ne perdent point leur irritabilité électrique, et la lésion ré-
side tout entière dans une paralysie des cellules qui transforment l'impression en mouvement.

Après avoir empoisonné une grenouille complétement, je
mets à nu tous les nerfs. Impossibilité de réveiller le moindre
mouvement réflexe par les procédés que j'ai employés ci-dessus
à cet effet ; mais sitôt que j'applique le courant électrique sur les
nerfs, j'ai des contractions dans les muscles auxquels ils se dis-
tribuent comme chez toutes les autres grenouilles ; mais jamais
une impression, quelque vive qu'elle soit, ne traverse la moelle
pour se réfléchir plus loin, ni chez la grenouille décapitée ni
chez celle qui a les lombes enlevés.

Dans ces deux derniers cas, les impressions ne sont pas
suivies de mouvements réflexes, l'expérience complète a duré
une demi-heure. Les nerfs des quatre grenouilles ont conservé
leur irritabilité aussi longtemps.

La mort dans ces différentes expériences est survenue par une suspension des pouvoirs réflexes de la moelle, qui tiennent en grande partie sous leur direction les fonctions de la respiration, de la circulation, de la calorification, de la nutrition générale, etc. C'est pourquoi l'arrêt de ces grandes fonctions n'est point un fait primordial, mais, au contraire, un épiphénomène toxicologique.

En outre, si la moelle est paralysée dans sa portion centrale, le grand sympathique, au contraire, paraît intact, ou très-excité. Ce serait la seule manière d'expliquer l'anémie des organes et le refroidissement général ; car s'il y avait paralysie de ce système, les muscles des vaisseaux restant intacts, il y aurait des congestions, des élévations de température, et des hypersécrétions terminales de larmes, d'urine, etc.

Ces explications paraissent encore plus vraies, quand on étudie les effets thérapeutiques de la substance sur l'homme. Très-souvent, dans nos observations, nous avons remarqué qu'il fallait régler l'administration des doses de telle façon que lorsqu'il s'agissait d'un organe, le poumon par exemple, la stimulation du grand sympathique ne fût pas trop grande par rapport à la diminution ou au calme plus grand de la respiration ; car alors, au lieu de dégager l'organe, on le gorgeait de sécrétions (observation 4), par ce fait que les capillaires et les glandes du poumon se débarrassant de leur trop-plein, l'action expulsive n'était plus suffisante pour les rejeter au dehors.

CHAPITRE X

NATURE DE LA SUBSTANCE (1).

I. Des observations précédentes il ressort que l'essence d'*Eucalyptus* produit sur les êtres organisés des effets multiples qui semblent se rapprocher de différentes substances de la matière médicale. En effet, par l'influence qu'elle exerce sur les urines, elle peut être comparée en partie à la térébenthine, par ses effets calmants on peut la rapprocher des antispasmodiques, tandis que par son action sur le grand sympathique il faudrait la classer parmi les stimulants diffusibles, comme l'ammoniaque, la menthe, etc.

Malgré tous ces points de contact avec ces divers médicaments, notre essence reste un corps spécial ; c'est, d'ailleurs, ce que nous allons prouver.

II. Lorsqu'on reste quelques instants dans un appartement dont l'atmosphère contient des vapeurs d'essence de térébenthine, peu après les urines exhalent une odeur de violette.

Nous sommes resté des heures, des journées même au milieu d'émanations d'essence d'*Eucalyptus*, jamais nos urines n'ont eu la moindre odeur ; tandis que l'absorption d'une goutte de ce liquide par l'estomac parfumait les urines pour vingt-quatre heures. Le poumon, cependant, absorbe très-bien l'*Eucalyptus* directement (Exp. 4, 5). Au point de vue physiologique, il y a donc déjà entre les deux essences une différence qui va devenir plus nette par les expériences suivantes :

(1) Quand nous avons cherché la solution de cette question, rien n'avait encore été publié à cet égard, ce n'est qu'au moment où nous allions déposer notre travail à l'Académie que nous avons connu le travail de M. Cloëz, dont nous avons fait mention tout de suite avec satisfaction, car elle corroborait la solution à laquelle nous étions arrivé par la physiologie.

III. **Expérience 13.** — Deux lapins, pesant chacun 600 grammes et de la même portée, sont mis en expérience : l'un reçoit 25 gouttes d'essence de térébenthine dans l'une des aines postérieures, l'autre reçoit 25 gouttes d'essence d'*Eucalyptus* dans la même région ; on les lie tous les deux.

Nous disposerons sur deux colonnes contiguës et sur les mêmes lignes les effets que l'on observe sur les deux animaux aux mêmes instants.

La température et la respiration sont enregistrées tous les quarts d'heure. Le tableau ci-dessous indique les variations de ces deux phénomènes.

L'expérience commence à trois heures moins le quart.

TÉRÉBENTHINE.	EUCALYPTUS.
Lapin qui a reçu la térébenthine :	Lapin qui a reçu l'*Eucalyptus* :
Avant l'injection. { Temp. 40°,6 / Inspir. 150°	Avant l'injection. { Temp. 40° / Inspir. 140°

3 heures.

L'animal, moins vif que son voisin tout à l'heure, est plus excité maintenant. Il s'agite, veut fuir, rompre ses liens ; sa respiration s'accélère au point qu'on ne peut l'enregistrer ; son œil est vif et brillant.	Il est très-calme et ferme les yeux comme s'il était pris du besoin de dormir, cependant avant l'opération il était plus excité que l'autre, sa respiration se ralentit, devient régulière et profonde. Il paraît indifférent aux bruits qu'on fait autour de lui.

4 heures.

L'animal n'a pas cessé d'être excité une minute, sa respiration est haletante, le moindre bruit l'excite.	Le lapin est dans un état de calme absolu ; si on l'excite, on le pince, il ne remue pas.

4 heures 1/2.

Même état que précédemment.	Refroidissement des oreilles.

4 heures 50.

Rendu à la liberté, il s'agite encore violemment. Sa marche est plus difficile que chez l'autre, ses pattes ne le suptent pas. Il est renfrogné et va se blottir avec grand'peine dans un coin ; indifférence aux aliments.	Rendu à la liberté, il est très-calme et semble se réveiller d'un sommeil bienfaisant ; gai, alerte, il se dirige vers des légumes déposés dans un coin de l'appartement ; son poil est lisse, brillant, ses oreilles mouvantes.

D'après ces deux injections comparatives, il est clair que la térébenthine produit des effets très-excitants, et que l'essence d'*Eucalyptus*, au contraire, calme et engourdit ; en outre, d'après le tableau ci-dessus on voit que la térébenthine bouleverse tout d'abord la respiration, qui devient fréquente, irrégulière, et monte plus particulièrement ici jusqu'à 160 ; que ces irrégularités ne cessent que lentement, et que ce n'est que le lendemain qu'il y a ralentissement ; tandis que pour l'*Eucalyptus* la dégradation est immédiate. A chaque quart d'heure on compte quelques inspirations de moins, les troubles de la calorification sont parallèles cependant, et les urines sentent la violette dans les deux cas. Ces effets se reproduisent également chez tous les animaux ; nous avons eu l'occasion de les provoquer sur des chiens, des pigeons, etc.

Ces différences physiologiques ne tiendraient–elles pas à ce que l'essence d'*Eucalyptus* est injectée en quantité insuffisante, comme nous l'avons objecté ? Nous allons prouver qu'il n'en est rien.

IV. Le lendemain de l'expérience précédente nous faisons subir aux deux lapins qui avaient été intoxiqués la veille et qui étaient encore sous l'influence de nos deux essences, l'expérience suivante :

Le lapin qui avait absorbé de la térébenthine reçut 25 gouttes d'*Eucalyptus*, tandis que celui qui avait pris l'*Eucalyptus* la veille recevait 25 gouttes d'essence de térébenthine.

Il était évident que si les deux substances étaient physiologiquement identiques, et si les effets ne différaient que parce que les doses n'étaient pas équivalentes au fond, l'*Eucalyptus*, imposé à l'animal térébenthiné, devait augmenter l'excitation de la veille, de même que la térébenthine, injectée à l'animal qui était sous l'influence de l'*Eucalyptus*, devait produire une excitation disproportionnée à la dose absorbée.

Nous disposons l'expérience comme ci-dessus.

<table>
<tr><td align="center">EUCALYPTUS.</td><td align="center">TÉRÉBENTHINE.</td></tr>
<tr><td>Lapin qui a reçu la térébenthine hier. Inoculation de 25 gouttes d'Eucalyptus.</td><td>Lapin qui a reçu l'Eucalyptus hier. Inoculation de 25 gouttes de térébenthine.</td></tr>
<tr><td align="center">Temp. 41°
 Inspir. 80°</td><td align="center">Temp. 40°
 Inspir. 90°</td></tr>
</table>

Injection à 2 heures 10 minutes.

On voit tout d'abord que la respiration est moins fréquente chez nos animaux que la veille, par conséquent qu'ils sont encore sous l'influence des essences; ils sont, d'ailleurs, encore un peu engourdis, et leurs urines sentent la violette.

<table>
<tr><td align="center">EUCALYPTUS.</td><td align="center">TÉRÉBENTHINE.</td></tr>
<tr><td align="center" colspan="2">2 heures 25.</td></tr>
<tr><td>Calme.</td><td>Excitation. L'animal allonge son cou, ses oreilles. Respiration haletante.</td></tr>
<tr><td align="center" colspan="2">2 heures 40.</td></tr>
<tr><td>Calme. Un peu de prostration, oreilles tombant sur le cou.</td><td>Tremblements musculaires, dilatation énergique des narines, l'animal veut fuir.</td></tr>
<tr><td align="center" colspan="2">2 heures 55.</td></tr>
<tr><td>Respiration régulière, calme.</td><td>Respiration irrégulière haletante, tremblements musculaires dans le train postérieur, les oreilles sont refroidies.</td></tr>
<tr><td align="center" colspan="2">3 heures 10.</td></tr>
<tr><td>Calme parfait.</td><td>Excitation, tremblements.</td></tr>
<tr><td align="center" colspan="2">3 heures 25.</td></tr>
<tr><td>Frissons rapides dans le dos, affaissement.</td><td>Agitation continue.</td></tr>
</table>

EUCALYPTUS.	TÉRÉBENTHINE.

3 heures 40.

Calme.	Agitation, diminution des tremblements.

3 heures 55.

Calme, respiration régulière.	Excitations, tremblements.

4 heures 20.

Les lapins, qui avaient été liés au début de l'expérience, sont rendus à la liberté à 5 heures. La respiration et la chaleur animale sont stationnaires depuis vingt minutes, ils marchent tous les deux sans tituber, et leurs urines continuent à être parfumées.

Le lendemain ils sont très-bien remis.

Voyez, pour la comparaison des troubles de la chaleur et de la respiration, la figure 2 de la planche II.

V. — D'après ces faits, l'*Eucalyptus*, loin de surexciter les animaux qui sont sous l'influence de la térébenthine, les calme ; de même que la térébenthine ne produit pas, sur les animaux qui ont absorbé de l'*Eucalyptus*, des effets aussi énergiques que lorsque l'animal est sain. Donc, physiologiquement, ces deux substances sont différentes. On pourrait soutenir que lorsqu'on place un animal (rat ou lapin) sous une cloche contenant des vapeurs de térébenthine ou d'*Eucalyptus*, les effets sont identiques : qu'il survient, dans les deux cas, une grande excitation finissant par l'hyposthénie ; mais l'excitation persiste toujours sur l'animal qui a absorbé la térébenthine, même après qu'il est tombé sur le flanc ; donc, une dernière fois, ces substances sont différentes : l'une produit toujours une excitation très-grande, l'autre, au contraire, calme presque toujours. — Leurs effets sur les combustions organiques et les urines paraissent être identiques néanmoins ; dans les deux cas les animaux meurent par suspension des actes réflexes de la moelle épinière.

VI. — En effet, après avoir enlevé à une grenouille la région lombaire, sauf les nerfs, et avoir constaté l'intégrité parfaite des fonctions musculo-nerveuses, nous mettons deux gouttes d'essence de térébenthine dans le dos de l'animal, qui succombe rapidement. Les pincements, les applications irritantes sur la peau ne réveillent pas le moindre mouvement, soit dans le lieu impressionné, soit à distance; mais sitôt qu'on applique les courants électriques ou la pince électrique sur les nerfs lombaires restés sains, ou sur ceux des autres régions, on a immédiatement des contractions dans les muscles situés au-dessus du point excité. Donc les propriétés réflexes de la moelle sont paralysées, tandis que les nerfs périphériques restent intacts. En outre, comme dans l'empoisonnement par l'*Eucalyptus*, le cœur continue à battre après la mort, et tous les organes sont exsangues.

Ainsi donc, si les deux substances présentent quelques points de contact, il y a entre elles des différences capitales. Pourrait-on, en raison des effets différents qu'elles produisent, les considérer comme antidotes? Assurément, non, car leur action foncière et intime sur la moelle et les autres fonctions s'ajouterait, ce que nous avons pu vérifier bien des fois dans le cours de nos expériences.

VII. — Faut-il rapprocher les effets de l'*Eucalyptus* de ceux de l'éther, du chloroforme, des solanées, du camphre, etc.? A certains points de vue, quelques effets de notre essence sont comparables à ceux de ces différents corps; ainsi, elle est antispasmodique, stimulante de la circulation capillaire. Mais son action est plus sérieusement profonde, de plus longue durée, plus spéciale sur certains appareils, et de plus aucune d'elles n'exerce la même influence sur les organes urinaires.

Les différences paraîtront encore plus évidentes dans la thérapeutique. En effet, reportons-nous aux observations 1, 2, 5, 11, etc.; nous remarquerons que l'essence a guéri un catarrhe de vessie par son action substitutive, qu'administrée à un asthmatique, elle a diminué, fluidifié ses sécrétions bronchiques, et calmé l'asthme comme ne sauraient le faire la téré-

benthine, l'ammoniaque, la belladone; la bronchite des observations 2, 11, les névralgies intermittentes (observ. 5, 6, 15)
ont été guéries également, alors que ces différentes substances
auraient été sans effet.

Pour nous, l'essence d'*Eucalyptus* est un corps spécial,
comme le prouvent toutes les expériences précédentes commu-
niquées à la Société des sciences de Cannes, le 2 mars 1870.

Cette multiplicité d'effets physiologiques et thérapeutiques
est-elle due à la présence, dans notre produit, de divers princi-
pes organiques dissous ou combinés, ou bien à l'action pure et
simple de l'essence considérée comme corps simple organique?

M. Cloez, dans sa note à l'Académie, le 28 mars 1870, établit qu'il existe dans l'essence d'*Eucalyptus* deux corps spéciaux,
l'un qui s'appelle *Eucalyptol*, qu'il place à côté du camphre et
dont voici la formule : $C^{24}H^{20}O^2$, et un second, engendré par
des réactions chimiques, qu'il nomme *Eucalyptène*, dont la formule est : $C^{24}H^{18}$.

Nous regrettons de n'avoir pas eu entre nos mains ces corps
dont, selon toute probabilité, nous avons pressenti l'existence
par l'analyse physiologique. Nous aurions pu comparer leurs
effets avec ceux dont nous avons déjà si longuement parlé.

TROISIÈME PARTIE

CHAPITRE XI

APPLICATIONS THÉRAPEUTIQUES.

Cette longue étude préliminaire devait naturellement nous amener aux applications thérapeutiques de l'essence d'Eucalyptus. Pénétré de l'action physiologique et toxicologique de cette substance sur les animaux, nous devions prévoir dans quelles circonstances morbides elle serait utile.

Le lecteur se convaincra, par le simple aperçu de faits cliniques qui vont suivre, combien la physiologie, en effet, nous a été utile ici.

L'Eucalyptus diminuant les pouvoirs réflexes de la moelle, ralentissant les combustions organiques, la respiration, facilitant néanmoins l'élimination de l'urée, stimulant le grand sympathique et la circulation capillaire, s'éliminant par la vessie et le poumon, devait être utile dans une foule d'affections où il s'agit de tempérer, d'amoindrir les états physiologiques contraires, ou de modifier localement le poumon et la vessie. C'est, en effet, ce qui s'est vérifié.

Par son action sur la sensibilité réflexe de la moelle et sur la respiration, l'essence a soulagé bien des asthmatiques, et en particulier celui de l'observation 2, calmé la toux dans un grand nombre d'affections pulmonaires, guéri des algies réflexes (observ. 1 et 5), et serait à coup sûr très-efficace

dans le tétanos réflexe, et dans toutes les algies et convul-
sions, spasmes de cette nature, tels que toux, coqueluche,
chorée, etc.

L'*Eucalyptus*, sortant par la vessie, a guéri ou modifié des
catarrhes vésicaux (observ. 1); facilitant l'élimination de l'urée,
il serait applicable dans toutes les formes de l'urémie, dans la
fièvre de tout type, qui, probablement est très-souvent une
urémie aiguë, dans le rhumatisme chronique et la goutte.

Comme stimulant de la circulation capillaire, et affaiblissant
de la tension artérielle, il a été utile dans un grand nombre
d'états morbides du poumon, les congestions sanguines et pas-
sives du cerveau (observ. 10, 5, 2, 7, 8, 11), du poumon et
de tous les autres organes. Employé comme antiseptique, il sera
très-utile dans les fièvres putrides, les suppurations fétides, les
plaies de mauvaise nature (observ. 12, 13, 14, 15).

Enfin, en dernière analyse, il rend tous les jours des services
dans les affections périodiques. En Corse (1), en effet, on ne
traite plus les fièvres intermittentes que par l'*Eucalyptus*. Nous
ne pouvons pas donner de faits pour appuyer cette assertion,
n'ayant jamais eu occasion de traiter un cas de fièvre intermittente ici ; mais, par contre, nous avons très-bien guéri les névralgies intermittentes (observ. 5, 6, 16), alors que nous avions
administré en vain l'*Eucalyptus* dans les névralgies continues.
En somme, tant de propriétés utiles que je ferai ressortir plus
longuement dans d'autres publications doivent placer les produits de l'*Eucalyptus* au rang des médicaments sérieux de la
thérapeutique.

(1) Depuis le dépôt de ce mémoire, le docteur Lorinser, de Vienne, a fait un
travail thérapeutique dans lequel il établit l'action fébrifuge de l'*Eucalyptus;* nous en
parlerons plus loin à propos de l'alcoolature d'*Eucalyptus.*

CHAPITRE XII

DE LA VALEUR DES DIFFÉRENTES PRÉPARATIONS D'EUCALYPTUS.

Les préparations que nous employons de préférence à l'intérieur sont : 1° l'essence ; 2° la poudre de feuilles ; 3° l'extrait alcoolique. L'alcoolature, que nous avons à notre disposition, est à l'étude.

I. — L'*essence* est le produit caractéristique du végétal, c'est elle qui, d'après nous, donne à l'*Eucalyptus* sa place dans la thérapeutique ; aussi aimons-nous à l'employer de préférence lorsque les indications pathologiques le permettent.

Dans les bronchites subaiguës, à la fin des bronchites aiguës, dans l'asthme humide récent, dans la laryngite catarrhale, apyrétique, dans l'aphonie catarrhale, dans la phthisie chronique, la pneumonie chronique, la fin de la pneumonie aiguë, la gangrène pulmonaire, etc., cette essence est préférable à toutes les autres préparations, par sa rapidité d'action sur les sécrétions et sur la toux ; mais elle est formellement contre-indiquée dans les cas où à une grande faiblesse générale tenant soit à une maladie aiguë prolongée, soit à une maladie chronique, soit à une sénilité avancée, il se joint une affection considérable, en particulier les dilatations des ventricules du cœur, les insuffisances de ses orifices, un emphysème très-développé, ou une destruction avancée du poumon, etc. Le lecteur doit se rappeler que l'essence d'*Eucalyptus* ralentit la respiration et le jeu du cœur après l'avoir d'abord un peu stimulé. Or, il arrive que souvent, dans les conditions précitées, ces effets se produisent au point de donner des inquiétudes. Je me rappelle avoir donné ce médicament à un jeune homme dont tout le poumon droit suppurait, et qui, encouragé par le bien-être qu'il en éprouvait, en prit une trop forte dose ; il s'ensuivit une suppression presque complète de la toux, de l'expectoration, et un ralentissement tel des mouvements respiratoires et du cœur que je dus brutalement suspendre la médication et avoir recours à des stimulants énergiques. Je pourrais citer d'autres faits à l'appui, et en particulier celui de l'observation 4. Donnée au début des affections catarrhales des voies respiratoires, telles que les coryzas, les congestions pharyngo-laryngées et bronchiques, elle en précipite l'évolution, et je suis convaincu que dans certaines circonstances j'ai pu les faire avorter : dans ces cas-là je donnais de très-fortes doses de la substance (1).

Dans la migraine, dans les spasmes de la vessie, dans ceux du larynx et de la poitrine, et dans tous les troubles nerveux, aucune préparation d'*Eucalyptus* ne peut être préférée à l'essence.

II. — La *poudre* est un médicament complexe et de mauvais goût; elle agit autant par le tannin qu'elle contient que par l'essence. Aussi dans les affections thoraciques elle a quelquefois l'inconvénient de gêner l'expectoration.

III. — L'*extrait alcoolique* n'est employé qu'associé à la poudre d'*Eucalyptus ;* dans ces conditions, il forme la base d'excellentes pilules qui dispensent parfaitement de faire usage de la poudre. Cette nouvelle préparation est très-fixe et très-efficace, et surtout tonique. Aussi est-elle très-utile lorsque les malades sont affaiblis, car elle excite l'appétit, réveille les forces.

IV. — L'alcoolature d'*Eucalyptus* est sans doute une préparation importante; nous ne sommes pas en mesure de donner une appréciation personnelle sur ses effets à l'intérieur, ayant eu rarement occasion de l'employer, mais nous en ferons ressortir la valeur en invoquant le mémoire du docteur Lorinser de Vienne, dont le *Lyon médical* d'avril 1871 a donné le résumé. L'auteur nous raconte que, sur 53 cas de fièvre intermittente contractée sur les bords du Danube, 43 furent complétement

(1) J'espère pouvoir donner plus tard des indications très-concluantes à cet égard.

guéris par la teinture d'*Eucalyptus ;* et ce qui est très-important, c'est que les cas qui avaient résisté à la quinine ne résistèrent pas à notre médicament ; ces faits viennent corroborer l'opinion du docteur Carlotti : ce succès n'assure-t-il pas à l'alcoolature, d'ailleurs plus efficace encore que la teinture, un avenir plus sérieux qu'à l'infusion de feuilles du docteur Carlotti? Ce soluté a, en effet, un inconvénient énorme, c'est celui d'être d'un goût désagréable et de nécessiter l'absorption d'une trop grande quantité de liquide.

Quant à l'action extérieure de l'alcoolature, elle est très-efficace. Employée comme désinfectant des plaies, comme cicatrisant, elle produit des résultats importants, sur lesquels nous n'insisterons pas, car nous attendons ceux que doit publier à cet égard M. Demarquay, qui, au moment où nous écrivons, expérimente l'alcoolature sur les plaies, à la maison Dubois.

V. — A l'extérieur, nous employons les feuilles d'Eucalyptus, soit directement, soit en cigares, ou en cigarettes faites avec des feuilles hachées ; nous usons aussi des eaux distillées.

Les feuilles, froissées dans les mains, débarrassées de leur nervure médiane et appliquées sur les plaies à la manière des bandelettes de diachylon, constituent un pansement occlusif et compressif excellent, peu coûteux, et, ce qui est plus important encore, stimulant, cicatriciel et désinfectant.

VI. — Le cigare est utile dans les toux spasmodiques et dans l'asthme. Un ami très-regretté, Prosper Mérimée, a fait usage pendant trois ans de cigarettes d'*Eucalyptus ;* il me disait toujours que cela calmait son oppression.

VII. — Les eaux distillées sont utiles en inhalations, injections, etc.; mais où elles sont le plus efficaces, c'est dans la toilette à titre de désinfectant; rien ne corrige les odeurs de la peau comme l'*Eucalyptus.*

CHAPITRE XIII

OBSERVATION 1.

Le 10 mai 1869, je fus appelé à donner des soins au nommé B***, ancien marin, âgé de 70 ans. Cet homme était atteint d'une rétention d'urine pour la deuxième fois depuis un an. La première fois je lui avais donné mes soins dans des circonstances identiquement semblables, et il s'était guéri. Jamais il n'avait eu aucune affection de l'urèthre ni de la vessie avant la première crise, mais il était fortement hémorrhoïdaire. La maladie, dans les deux cas, procéda comme il suit : il fut pris pendant la nuit de violentes douleurs dans la région lombo-sacrée, s'irradiant dans toute la longueur des membres inférieurs, et d'une congestion hémorrhoïdaire intense ; je dus me poser la question de l'existence de la myélite ou de la méningite rachidienne aiguës. Mais l'absence complète de fièvre, de douleurs vertébrales à la pression, de troubles de la sensibilité dans les membres, l'intégrité absolue de la marche et la disparition de ces troubles après le cathétérisme, me firent abandonner cette idée. — La vessie était fortement distendue et un peu douloureuse. Par l'introduction du doigt dans le rectum, manœuvre presque impossible en raison du gonflement hémorrhoïdaire, je constatai un peu d'hypertrophie de la prostate, mais son volume n'avait rien d'extraordinaire ; il y avait dans toutes ces régions une chaleur insolite. La sonde introduite dans la vessie ne me permit pas de constater la présence d'aucun corps étranger.

Les urines étaient abondantes, transparentes. Je fus obligé d'admettre que la dysurie était liée à une forte *congestion du col de la vessie et de la prostate.* Je prescrivis des sangsues à l'anus et des émollients, des lavements rafraîchissants, l'usage modéré des boissons douces, et un régime doux : deux fois par

jour, je le sondais avec la sonde d'argent, car il était impossible de faire pénétrer une sonde ordinaire. La vessie se vidant
toujours incomplétement, il ne tarda pas à se déclarer un catarrhe aigu; la vessie devint un peu douloureuse à la pression,
les urines purulentes, tous les matins et tous les soirs, deux ou
trois heures après le cathétérisme, les douleurs des lombes et des
jambes reprenaient de l'intensité, la fièvre inflammatoire s'allu-
mait avec des symptômes infectieux; il se fit une parotide aiguë
suppurée, des aphthes dans la bouche, une entérite, une bronchite et du délire nocturne.

Le 17 au soir, je lui ordonne 6 grammes de poudre d'*Eucalyptus*, à prendre en 3 fois dans de l'eau froide; le pouls était
à 80, la température à 39 avant l'administration du médicament;
le lendemain, à ma visite du matin, il me raconte qu'il a dormi
parfaitement toute la nuit, qu'il s'est réveillé sans pesanteur de
tête ni stupeur, qu'il a uriné plusieurs fois involontairement,
mais en petite quantité chaque fois; le pouls était à 80, les urines purulentes et nauséeuses.

Je prescrivis pour la journée du 18 une cuillerée à café toutes les 2 heures; à 5 heures du soir, il n'avait pris que trois
cuillerées; sa journée cependant a été excellente, son ventre
n'est plus si douloureux à la pression, la toux a disparu, les
urines sont rougeâtres et inodores, le pouls régulier bat 80 fois,
la chaleur est à 37 1/2.

Le 19 au matin, la rétention continue la nuit, miction involontaire avec douleurs vives dans le canal de l'urèthre quand
l'urine passe (preuve de l'action de l'*Eucalyptus*), urines moins
odorantes, très-rouges, bien que purulentes surtout au début
de la miction; température, 39°; pouls, 70.

Le soir, à 5 heures 1/2, il a pris deux cuillerées à café de la
poudre; il a dormi toute la journée sans stupeur et avec un grand
bien-être; pouls à 60; température, 37. Le 20 au matin il avait
pris depuis la dernière visite quatre cuillerées à café de la poudre:
calme complet toute la nuit, le pouls est à 64; la chaleur 38, la

vessie commence à être plus douloureuse sous la pression ; il a uriné presque toute la nuit par petites quantités, l'urine est très-transparente et sans odeur. Les premières qui sortent par la sonde sont purulentes, quand elles proviennent du fond de la vessie. Nous étions en présence d'une cystite, produite par le médicament. Le 20 au soir, température, 38°; pouls, 60; la vessie est douloureuse, les urines sont de couleur brique. — Il a pris dans le jour 3 cuillerées à café de poudre.

Le 21, au matin, il a pris cinq cuillerées à café depuis la veille. Le malade a uriné toute la nuit. L'urine brûle le canal, dit-il. — Il est calme, néanmoins, et ses hémorrhoïdes sont moins douloureuses ; mais la vessie est plus douloureuse à la pression, ou quand il tousse. Je continue néanmoins la médication. Désirant avoir une solution plus rapide et encouragé par mes essais, je laisse dans une petite fiole 80 gouttes d'essence d'Eucalyptus, et j'ordonne que le malade en prenne la moitié dans la journée. Par une erreur regrettable, on lui donne les 80 gouttes à la fois dans un peu d'eau. Peu après il est pris de chaleur intérieure, de bouffées congestives à la tête ; puis un calme extrême survient ; il était sur son lit, dit-il, voyant tout ce qui se passait autour de lui ; sa tête était très-libre, mais il n'avait pas le sentiment de l'existence de ses membres, et ne pouvait les relever, ils étaient comme paralysés. Ces troubles ne ressemblent-ils pas à ceux que nous avons observés sur les lapins intoxiqués? A ma visite du soir, tous ces phénomènes avaient disparu, mais la vessie etait plus douloureuse. Les urines étaient rouges, le pouls à 70, la chaleur à 38. Malgré la cystite, la fièvre n'augmentait pas. Le 22, même état, pouls à 60; chaleur, 37°,2. Le malade n'a pas pris de médicament le soir. Le soir la chaleur est à 37°,2, le pouls à 60, la vessie bien moins douloureuse que le matin ; incontinence continue de l'urine. — Urines couleur cinabre, épaisses mais inodores, acides.

Le 23 (le malade n'a rien pris la veille), les urines sont plus

claires, moins purulentes, pouls à 60 ; chaleur, 37°,2. Amélioration générale, le soir même état.

24. Pouls à 60 ; chaleur, 37°,2. La vessie est complétement
indolente, bien qu'il urine fréquemment la nuit, urines claires.
Le soir, même état, le malade a bien mangé.

Le 25 (il a repris deux cuillerées à café de poudre la veille),
il a uriné la nuit, les urines sont très-claires, les hémorrhoïdes
ont cessé d'être douloureuses. Le pouls est à 60, le thermomètre à 37°, 2. Enfin je puis introduire une sonde en caout-
chouc. Je la laisse à demeure. Les 26, 27, 28, 29, les urines
sont devenues très-claires. Le malade se lève, il mange et revient à la vie. Le pouls est à 60, la chaleur à 36° 1/2.

Malheureusement, il survient une seconde crise hemorrhoï-
dale la semaine après. La sonde fut expulsée, le malade essaya
de se sonder à l'aide d'un mandrin ; mais il se blessa profondément, il ne fut plus possible d'introduire la sonde ; il fallut avoir
recours, après bien des tentatives infructueuses de cathétérisme, à la ponction hypogastrique, et le malade succomba sans
qu'il fût possible d'en faire l'autopsie.

Quel rôle a joué la poudre d'Eucalyptus dans cette affection ?
L'action de cette substance a été multiple ; modifiant en dernière
analyse le catarrhe de la vessie, elle a supprimé d'abord les
douleurs réflexes des lombes et des jambes, qui étaient atroces ;
elle a fait disparaître la fièvre et le petit catarrhe bronchique se
révélant à l'auscultation par quelques râles muqueux disséminés. Elle a modifié probablement l'état hémorrhoïdal et a donné
du calme à un malade qui n'avait de repos ni le jour ni la nuit.

Comment s'est opérée la première guérison ? Le premier
résultat est, sans contredit, le fait de l'action directe de l'essence sur la muqueuse, nous en avons la preuve dans l'augmentation de l'irritation. Cette inflammation par élimination,
bien qu'énergique, y a été passagère et très-superficielle ; car,
au moment de sa plus grande intensité, la chaleur atteignait à
peine 38°, et le lendemain elle tombait à 37°,5.

La fièvre a-t-elle cédé parce que l'inflammation de la vessie devenait moindre, ou parce que les produits de résorption devenaient moins abondants? Je m'arrêterai plus volontiers à cette opinion, car, au moment où la vessie était le plus douloureuse à la pression et les urines très-rouges, chargées d'acide urique, la fièvre baissait. Ou bien est-ce en vertu des propriétés fébrifuges de la plante? Aujourd'hui nous invoquerions peut-être une plus grande élimination des urates. Les douleurs ont-elles disparu par suite du pouvoir qu'a l'Eucalyptus de diminuer ou de suspendre les actes réflexes de la moelle? Ce qui le prouverait, c'est que, bien que la rétention d'urine continuât, quoique les hémorrhoïdes persistassent et que la vessie devînt douloureuse, ces douleurs ne sont pas revenues.

L'amélioration rapide dans l'état général s'explique par ces effets simultanés sur les organes le plus en désordre. Quant au catarrhe bronchique, nous y reviendrons ailleurs.

OBSERVATION 2.

Asthme humide compliqué d'hypertrophie cardiaque et probablement de pyohémie.

Le 7 juillet 1869, j'eus l'occasion, grâce à M. le docteur Isambert, de donner l'essence d'Eucalyptus à un asthmatique de la salle Saint-Félix, hôpital de la Charité. C'était un ouvrier typographe, âgé de 43 ans, et en proie à cette affection depuis deux ans. Interrogé sur ses antécédents morbides, il me dit qu'il avait été sujet aux catarrhes bronchiques toute sa vie, mais que, depuis l'année 1868, il avait, après une pleurésie du côté droit, commencé à étouffer la nuit, que ces étouffements, intermittents d'abord, avaient fini par devenir continus, et lui rendaient, le jour et la nuit, tout mouvement, tout travail impossible. Il expectorait constamment des crachats muco-purulents, toussait par quintes intenses à la suite desquelles il rendait très-souvent les aliments ; il passait ses nuits sans dormir assis sur

son lit, essayant à grand'peine d'absorber un peu d'air, perdant
souvent ses urines au milieu de ses crises, et suant très-abon-
damment. Sous l'influence continue d'une pareille affection,
l'état général avait subi une atteinte profonde, le malade était
très-amaigri et très-affaibli.

Examen de la poitrine. Le thorax est fortement déprimé
en arrière et à gauche, saillant, bombé à droite. A la percussion nous constatons en arrière de la matité sur toute la'hauteur du poumon gauche, et surtout à la base ; à l'auscultation,
râles muqueux, gargouillements, respiration caverneuse dans
les fosses sus- et sous-épineuses, frottement, retentissement de
la voix et respiration soufflante renforcée par un bruit laryngien
intense, dans le reste du poumon.

A droite et en arrière, nous constatons de la matité dans la
fosse sus- et sous-épineuse, avec de l'expiration soufflante et
prolongée, qui est sans doute un retentissement du bruit
laryngien, de la résonnance de voix et des râles sous-crépitants dans tout le reste du poumon. En avant, il y a un peu de
sonorité exagérée ; à droite signe d'emphysème localisé avec
voussure sous-claviculaire, et des râles muqueux. Respiration
rude dans la fosse sous-clavière gauche. Dans tout le poumon
le murmure vésiculaire est faible. Il y a 45 inspirations par
minute, le cœur bat énergiquement, ses bruits sont sourds et
intenses, et prédominent à gauche et à la base ; pas de souffle
d'ailleurs. Nous comptons 90 pulsations régulières, pas de fièvre.
Il est évident que nous avions affaire à un asthme humide
compliqué très-probablement de pyohémie ulcéreuse et de dila-
tation probable du cœur droit. Il prend dans la journée quatre
capsules d'essence d'Eucalyptus contenant chacune trois ou
quatre gouttes du liquide.

A la visite du 8 juillet, il raconte qu'il n'a pas eu d'étouffements la nuit, qu'il a dormi profondément, et son expectoration
est bien diminuée. La circulation n'a pas varié ; sa respiration
est plus profonde, moins haletante ; il n'y a aucun changement

dans le fonctionnement des autres appareils, si ce n'est que les urines exhalent l'odeur de violette.

Jusqu'au 15 juillet, il prend de quatre à six capsules par jour; l'amélioration résultant de l'Eucalyptus s'est maintenue et a même progressé. Il n'étouffe plus, les inspirations profondes, régulières, sont tombées à trente par minute, le bruit laryngien et son retentissement dans la poitrine ont complétement disparu, les nuits sont parfaites, le malade se couche librement, et s'il survient un spasme, aussitôt l'ingestion d'une capsule le fait disparaître; il monte sans suffoquer deux étages tous les jours, ne vomit plus, et déclare que jamais depuis deux ans il n'a été si soulagé; l'expectoration plus facile a notablement diminué, les quintes sont rares et ne provoquent plus de vomissements, on entend l'air pénétrer dans la poitrine, les râles sous crépitants du poumon droit ont disparu en grande partie, ainsi que les râles du poumon gauche; la circulation n'a subi aucune modification, pas plus que l'appétit; le seul inconvénient que signale le malade, c'est l'impression désagréable de quelques renvois; les urines exhalent toujours l'odeur de violette, le malade ne les perd pas comme auparavant.

Les 15, 16, 17 juillet, désirant voir si les effets persistaient, je lui ordonnai de ne rien prendre; l'oppression, bien que très-amoindrie, eut de la tendance à revenir. Je le soumis de nouveau à la même médication, et le 25 il sentit son état très-amélioré et demanda à sortir. Sa poitrine était à peu près desséchée, la respiration était libre. Je ne l'ai plus revu depuis, bien que je l'aie cherché longtemps dans les hôpitaux.

L'essence d'Eucalyptus a donc modifié en quinze ou dix-huit jours, par son action directement stimulante sur la circulation capillaire du poumon et son action antispasmodique, une situation qui obligeait le malade à se promener dans les hôpitaux.

OBSERVATION 3.

Paresse circulatoire des capillaires du cerveau guérie par l'Eucalyptus.

Le 10 janvier 1870, je fus consulté par M. X..., qui se sentait très-malade depuis quinze jours. Cet homme, exerçant la profession d'agent d'affaires, se fatiguait beaucoup; il était âgé de cinquante-quatre ans, lymphatique et très-gras. Interrogé sur ses antécédents morbides, il me raconta qu'il n'avait jamais été malade jusqu'à l'âge de cinquante-trois ans, mais que depuis une année environ il avait de temps en temps des battements de cœur, quelquefois de l'étouffement et un peu de gonflement des jambes; mais ces accidents étaient passagers, deux jours de repos suffisaient pour ramener l'ordre dans sa santé. Depuis quinze jours cependant il se sentait sérieusement pris, ses pieds étaient enflés tous les soirs, il était pris en outre à la même heure de douleurs lancinantes dans les tempes et autour des orbites, d'une pesanteur générale dans toute la tête. A ces phénomènes se joignaient de l'insomnie, de l'agitation toute la nuit, et le matin il se levait accablé de fatigue, sans appétit et sans forces. Au moment où je l'examinai, je constatai de l'anémie, un peu d'enflure aux jambes, des battements sourds dans le cœur, sans bruits de souffle ; une langue et un estomac parfaits.

Le soir, je le revis dans son lit; il était dans l'état que je viens de décrire, mais sans fièvre. Je diagnostiquai une stase de la circulation cérébrale produite par une altération graisseuse probable du cœur compliquée d'anémie, qu'augmentaient de grandes fatigues. J'ordonnai le repos et le lendemain deux capsules d'Eucalyptus (8 gouttes), à prendre à deux heures de l'après-midi. Le soir la crise revint, mais elle fut moins douloureuse, plus courte, et le malade dîna.

Le troisième jour, même médication, pas de crise. Au bout de six jours de ce traitement, tous les phénomènes disparurent et le malade reprit ses forces et ses affaires. Depuis, lorsqu'il

éprouve des douleurs de tête, ou qu'il est pris d'un peu d'enflure aux jambes, il prend quelques capsules d'essence, et tout
rentre dans l'ordre en vingt-quatre heures.

OBSERVATION 4.

Phthisie pulmonaire compliquée d'abcès des replis aryténo-épiglottiques.

Le 17 juillet 1869, j'eus l'occasion d'administrer l'essence
d'Eucalyptus à un phthisique âgé de vingt-trois ans, couché
au numéro 25 de la salle Saint–Félix (service de M. Isambert, hôpital de la Charité). Sa maladie avait débuté par une
pleurésie du côté gauche, contractée dans les cuisines de l'exposition de 1867. Dès lors il ne s'était plus remis; à chaque
instant il était obligé de suspendre ses travaux pour se reposer
pendant quelques semaines. Depuis quinze jours, se sentant
plus fatigué, il était rentré de nouveau à l'hôpital, et voici ce
que nous constations :

1° Mal de gorge intense, difficulté absolue d'avaler des
aliments solides; l'examen laryngoscopique nous permet de
constater un énorme gonflement inflammatoire des replis aryténo-épiglottiques, le malade est aphone, tousse et crache très-
abondamment du pus.

2° La poitrine présente de la matité dans les fosses sus- et
sous-épineuse du côté gauche ; la respiration y est caverneuse,
soufflante et mêlée de gargouillements qui s'étendent jusqu'à la
pointe de l'omoplate; à droite expiration soufflante et prolongée dans les fosses sus- et sous-épineuse avec retentissement
de la voix et matité.

En avant et à gauche diminution du son dans la fosse sous-
clavière, murmure vésiculaire faible. Le pouls est constamment élevé, la nuit il y a oppression très-grande et des sueurs
abondantes ; le malade est très-maigre et sans forces. D'après
cette énumération, on reconnaît une phthisie caséeuse fébrile
à la troisième période.

Je lui donne à prendre deux capsules, les 17, 18, 19 et 20; il prend cette dose et il éprouve un véritable mieux, l'expectoration est plus facile, les crachats sortent sans efforts, tandis qu'avant ils provoquaient un véritable déchirement dans la gorge et des quintes pénibles; en outre leur saveur n'est plus âcre ni désagréable comme avant; les picotements à la gorge, qui sans cesse provoquaient la toux, ont disparu; il peut avaler de la viande et boire du vin, il passe des nuits très-calmes.

Nous continuons la même médication, l'état d'amélioration des symptômes persiste, l'air pénètre plus librement dans la poitrine, il y a moins de râles; nous remarquons cependant un certain affaissement. Le 26, ayant pris imprudemment la veille six capsules, l'affaissement est considérable; on dirait que le diaphragme, les côtes, ne se soulèvent plus; sans se plaindre d'aucun malaise, ni d'aucun mal de tête, il est comme anéanti et ne se sent pas le pouvoir de remuer ses membres. Néanmoins il a conservé ses forces musculaires; malheureusement je ne constatai pas l'état de la sensibilité réflexe; le pouls était à 30, très-mou, et la chaleur animale à 38. Trente-quatre heures après, l'hyposthénie avait cessé, et nous continuâmes avec plus de prudence un traitement qui le soulagea. Ce fait est consigné pour montrer l'action de l'essence sur l'homme et non point pour être considéré comme un résultat thérapeutique.

OBSERVATION 5.

Madame A... entrait dans mon cabinet, le 25 mai 1869, pour réclamer mes soins; elle souffrait depuis quatre mois d'une névralgie intermittente quotidienne de la cinquième paire; elle était âgée de trente ans, mère de plusieurs enfants, et très-anémique. Connaissant sa manière de vivre et sachant péremptoirement qu'elle n'avait pu subir aucune influence palustre, je dus me demander à quoi pouvait tenir cette névralgie. Cette femme était très-active, se fatiguait, avait eu un mauvaisa ccouchement ; je crus que la cause du mal était un dérangement de la matrice. J'examinai cet organe avec soin le matin et le soir, et je constatai une hypertrophie du col, et un abaissement marqué ; surtout le soir. A ce moment, en effet, il suffisait d'introduire la phalangette de l'indicateur dans le vagin pour sentir l'organe ; il était clair pour moi que la douleur était réflexe, et tenait aux tiraillements lombaires produits par la matrice surbaissée, comme il s'en produit en pareil cas dans les reins et quelquefois dans les jambes. Le soir à dix heures j'assistai à la crise névralgique ; la douleur occupait les branches sus- et sous-orbitaires, temporales, sous-maxillaire et dentaire du côté droit, avec les points épiphysaires classiques ; elle dura comme d'habitude jusqu'à six heures du matin, en empêchant le sommeil de la malade ; il n'y avait pas la moindre fièvre, le pouls était à 70. Je conseillai à la malade de prendre de la quinine, de l'opium, de l'arsenic ; elle avait pris tous ces remèdes sans résultat ; ils lui donnaient du repos une nuit, et le lendemain la douleur recommençait. Je lui ordonnai alors trois capsules (12 gouttes d'essence d'Eucalyptus), à prendre avant quatre heures du soir, me réservant plus tard de m'occuper de sa matrice et de son anémie.

Le 27 au soir, elle n'eut pas de douleurs, elle éprouva seulement un peu de malaise. Le 28 elle n'eut aucun sentiment morbide et dormit parfaitement. Le 29 elle oublia de prendre ses capsules selon la prescription ; la douleur, bien que moins intense, revint, mais le lendemain elle reprit la médication et la douleur ne revint pas. La névralgie, qui avait été rebelle à tous les médicaments usités en pareil cas, avait donc disparu. Il faut dire aussi que depuis cette époque je l'ai fortifiée par une médication tonique et que j'ai pu, en août 1869, la guérir de son abaissement par les courants électriques. Nous ne pensons pas que l'Eucalyptus ait pu agir ici comme stimulant diffusible seulement, nous croyons aussi qu'il a modifié dans une certaine mesure l'irritation des cellules réflexes de la moelle, car l'organe n'avait subi aucun traitement pendant notre première médication.

OBSERVATION 6.

Névralgie intermittente trifaciale droite guérie en deux jours par l'Eucalyptus.

Mademoiselle A..., âgée de trente ans, est arrivée à Cannes en novembre 1869. Elle est naturellement bien portante et nerveuse; quelque temps après son arrivée, elle éprouvait de temps en temps des douleurs névralgiques dans la tête et dans le dos; ces douleurs étaient de courte durée et la malade ne s'en plaignait pas. Mais, le 6 janvier 1870, elle fut prise le soir, à onze heures, d'un éclat de névralgie faciale, qui dura jusqu'au matin. La douleur suivait les trajets du nerf trifacial droit, avec son double caractère gravatif continu, lancinant et intermittent; les points épiphysaires n'y manquaient pas, et de plus il y avait une congestion intense de l'œil, suivie d'épiphora. Ajoutez à cela un grand malaise général, mais pas de fièvre.

Cette crise se répéta avec ces caractères le lendemain au soir à la même heure, ainsi que le troisième jour; la malade, se sentant très-fatiguée après trois nuits d'insomnie et de douleurs, vint me consulter. Me plaçant au point de vue de la fièvre larvée et de la fièvre intermittente franche, que l'Eucalyptus guérit, j'ordonnai à la malade de prendre, dans la journée, et avant quatre heures, comme je l'aurais fait avec la quinine, trois pilules d'Eucalyptus.

Le soir, l'accès eut lieu, mais il fut moins intense, ne dura qu'une heure.

Le lendemain, la même dose fut absorbée; l'accès douloureux n'apparut pas à onze heures, mais il y eut un sentiment de malaise. Le troisième jour de la même médication, il ne survint aucun phénomène morbide. Nous continuâmes l'usage de ces pilules aux mêmes doses pendant huit jours, rien n'est survenu depuis. Cette affection avait le caractère intermittent, comme beaucoup d'affections qui surviennent en autonme sous nos climats et contre lesquelles on emploie la quinine avec succès ; cette demoiselle, d'ailleurs, n'avait jamais eu de maladie, et ses organes étaient parfaitement en état.

J'ai eu occasion depuis de traiter plusieurs cas analogues, de la même manière et avec succès.

OBSERVATION 7.

Catarrhe bronchique compliquant une phthisie guéri en huit jours.

Mme X..., arrive à Cannes le 1er avril 1870, pour faire une convalescence ; elle est pâle, maigre et très-faible.

Antécédents morbides : bronchite dans le tiers inférieur et postérieur du poumon droit en octobre 1869 ; fin novembre pneumonie dans la partie prévertébrale de ce poumon ; dans le milieu de décembre, pneumonie du lobe moyen du même poumon ; en somme, phthisie pneumonique ascendante. Etat actuel : submatité dans la partie postérieure droite du poumon, depuis la base jusqu'à l'épine de l'omoplate ; souffle bronchique dans le tiers moyen du poumon, râles muqueux disséminés dans tout le poumon, pas de fièvre ; un peu de toux et une légère expectoration, le matin et le soir.

Nous ordonnons à la malade deux pilules d'Eucalyptus par jour, préparées d'après ma formule. En huit jours, tous les râles avaient disparu ; notre malade a eu depuis d'autres accidents, mais tout à fait postérieurs et étrangers à l'Eucalyptus.

OBSERVATION 8.

Bronchite simple guérie en une semaine.

Le 12 février, à la suite d'un vent humide, deux enfants de sept à huit ans furent pris de fièvre catarrhale bronchique. La maladie débuta chez tous les deux par une laryngite catarrhale, la voix était voilée, la toux était croupale et quinteuse, il y avait de la fièvre ; quatre-vingts pulsations et des sueurs.

Le lendemain, râles sibilants, disséminés dans les bronches.

Le 13, je donne aux enfants trois pilules d'Eucalyptus (même formule) ; le 14 au matin, on me dit qu'ils ont beaucoup craché, avec facilité, et que les crachats étaient muqueux et filants ; la voix revenait, la fièvre était moindre.

Le 15 et le 16 l'amélioration continua, et le 17 il ne restait plus de ces troubles qu'un peu de raucité de la voix, mais la fièvre avait disparu.

Ces deux états, calqués l'un sur l'autre, ont donc été modifiés simultanément et de la même manière en vingt-quatre heures ; on peut dire que par l'Eucalyptus la maladie a rétrogradé.

OBSERVATION 9.

Traitement de la fin de la pneumonie par l'Eucalyptus (1).

Au mois de novembre 1870, on évacua sur mon ambulance de Cannes le nommé Jacques, mobile de l'Aveyron. Ce jeune homme était convalescent de pneumonie. L'état général était assez médiocre, le sujet était pâle, affaibli, et se tenait à peine debout sur les jambes. Il venait de passer quinze jours dans un lit. Le pouls était encore à quatre-vingts, mais il était mou dépressible, le malade avait la respiration courte.

____

(1) Les observations qui suivent ont été ajoutées au mémoire déposé à l'Académie, en 1870.

La percussion nous fit découvrir de la submatité dans toute la hauteur du lobe inférieur droit, dans la partie postérieure.

Le souffle pneumonique avait disparu, mais la respiration était encore un peu soufflante ; en revanche on entendait des râles crépitants de retour en grand nombre dans toute la partie malade.

Les fonctions digestives n'avaient subir que les modifications ordinaires que leur imprime toute fièvre. Rien ne pouvait donc gêner l'administration de l'Eucalyptus.

Je prescrivis quatre pilules par jour, deux aux principaux repas. Au bout de deux jours les râles avaient complétement disparu, le pouls tombait à soixante, et je fis constater cet effet rapide à mon excellent collègue d'ambulance, M. le docteur Battesby.

OBSERVATION 10.

Bronchite subaiguë, compliquée de spasme de coqueluche, guérie par l'Eucalyptus.

Le 20 mai 1870 on m'amena une jeune fille de quinze ans, grande, délicate, pâle et toussant d'une manière opiniâtre depuis quinze jours. La malade à cette date s'était refroidie et avait vécu quelques jours avec un œuf. Atteinte de coqueluche, sa toux ne tarda pas à prendre le caractère spasmodique avec le sifflement qui caractérise la maladie. Elle toussait par quintes toute la journée, la nuit il lui était impossible de dormir ; les quintes devenant plus fréquentes et plus pénibles encore, s'accompagnaient souvent de vomissements. A l'auscultation on trouvait sous l'aisselle gauche et dans l'étendue de 20 à 25 centimètres carrés, des râles sous-crépitants, très-abondants, fins, pas de matité d'ailleurs. L'expectoration était glaireuse, mais rare et difficile. Le pouls était à 80 le matin, 90 le soir ; la peau, constamment chaude, se couvrait de sueur la nuit. Les fonctions digestives étaient dans un état complet de sommeil, il n'en fallait pas davantage pour éreinter une constitution délicate comme celle de notre malade.

Plusieurs traitements avaient été entrepris déjà, mais sans succès. La peur d'un vésicatoire me procura l'occasion de la soigner.

Nous étions en présence d'un état catarrhal sub-aigu. Nous prescrivîmes six pilules par jour. Trois jours après le début du traitement, les quintes commencèrent à céder, les nuits devinrent meilleurs, l'appétit se réveilla un peu, l'état général s'améliora, et dix jours après la malade était complétement guérie.

OBSERVATION 11.

Asthme catarrhal guéri rapidement par les capsules d'Eucalyptus.

Le nommé X... est âgé de trente-cinq ans ; il est musicien de profession, et souffle toute la journée dans un instrument à vent. En 1865, étant au régiment, il a été pris d'une bronchite aiguë, pour laquelle il est resté sept semaines à l'hôpital et dont il s'est parfaitement guéri. Mais depuis le 17 janvier 1870, il est enrhumé et étouffe. Il a des quintes le soir et le matin surtout, suivies d'une expectoration glaireuse abondante. Les étouffements, qui le privent de sommeil, le prennent vers le soir, et ne le quittent que le lendemain vers midi. Pendant tout ce temps il sent que sa poitrine est serrée fortement, comme dans un cercle de fer. Malgré l'épuisement causé par la mauvaise nourriture et par la maladie, il continue son métier par nécessité, mais il sent que ses forces l'abandonnent. En effet, la force dynamométrique qu'il produit s'élève à peine à 30. Au 10 avril 1870, jour où il vient me consulter, sa poitrine est dans l'état suivant :

1° A la percussion on trouve un peu de sonorité exagérée dans tout le poumon.

2° A l'auscultation on entend des râles sibilants dans toute la poitrine, mêlés de ronflements de tout timbre. En somme nous sommes en présence du catarrhe mixte de Laennec; pas de fièvre d'ailleurs et conservation de l'appétit; rien au cœur.

Je lui conseille de prendre deux capsules le soir au dîner. Le 20 avril le poumon droit était complétement dégagé, le poumon gauche faisait entendre encore quelques râles sibilants, mais les étouffements avaient disparu. Le 30 avril il n'avait plus rien, les nuits étaient devenues parfaites, il ne toussait plus, ne crachait ni n'étouffait plus.

OBSERVATION 12.

Plaie contuse du dos du pied traitée par les feuilles d'Eucalyptus.

Le nommé X..., domestique chez un de mes amis, reçut sur le dos du pied gauche le choc d'une pierre qui lui fit une plaie contuse de trois centimètres de longueur. Ce jeune homme, âgé de dix-huit ans, était vigoureux et se soucia peu de sa blessure. D'abord, il garda sa chaussure entamée. En travaillant à la terre, le pied s'enfla et il s'ensuivit un étranglement. La plaie prit alors mauvais aspect, ses bords se renversèrent en dehors, son pourtour infiltré de sang s'œdématia dans une grande étendue, de sorte qu'on eut de la peine à le déchausser.

Je fis appliquer sur le pied un pansement occlusif et compressif avec des feuilles bleues d'Eucalyptus, pansement analogue à celui que l'on fait avec des bandelettes de diachylon, et entourer le pied d'une bande. Au bout de vingt-quatre heures, bien que le malade eût continué ses travaux, la plaie prenait un excellent aspect, ses bords s'affaissaient, son fond bourgeonnait avec une légère suppuration sans odeur, et l'œdème diminuait notablement. Huit jours après, la guérison était complète. Ceci se passait au mois d'octobre 1868.

OBSERVATION 13.

*Blessuré de la jambe par arme à feu guérie par le pansement exclusif
et compressif de l'Eucalyptus.*

Le nommé Pasquier, entré dans notre ambulance le 23 novembre 1870, portait à la partie moyenne et antérieure de la
jambe une blessure produite par une balle prussienne, à Etampes,
durant le mois de septembre 1870. La plaie parfaitement circu-
laire avait six centimètres de diamètre. Son fond, dépourvu
complétement de bourgeons charnus, était brunâtre, sanguino-
lent et formé par le périoste infiltré dans une étendue de 7 à
8 centimètres; l'os lui-même était douloureux et épaissi. Ses
bords, déchiquetés, minces et sanguinolents, étaient décollés sur
tout le pourtour, dans une étendue d'un centimètre environ, et
renversés en dehors. A l'origine la blessure avait à peine deux
centimètres carrés d'étendue; mais depuis elle n'avait fait que
s'étendre et s'ulcérer. Les cautérisations, les pansements les
plus divers avaient été tentés pour arrêter l'ulcération; l'acide
phénique, le jus de citron, l'acide chromique, la teinture d'iode,
le nitrate d'argent, les pansements exclusifs au diachylon avaient
été employés en vain. Un peu de charpie seulement couvrait la
plaie à son arrivée. Le sujet, âgé de 20 ans, était lymphatique,
affaibli, mais indemne de toute influence syphilitique. J'appliquai aussitôt le pansement *exclusif et compressif* avec de jeunes
et fraîches feuilles d'Eucalyptus préalablement débarrassées de
leur nervure médiane et froissées dans les mains de façon à
faire sourdre l'essence. En même temps je prescrivis des toni-
ques et le repos. Ce pansement m'avait jadis réussi dans les
plaies furonculeuses. Je croyais en être l'auteur, mais il paraît
que M. Mares l'a appliqué à peu près en même temps que moi,
en Afrique (1).

(1) Leçons de M. le professeur Gubler.

La chose du reste nous importe peu. Ce qui nous satisfait, c'est que, sans connaître nos procédés respectifs, M. Mares et moi avons obtenu de très-beaux résultats.

Vingt-quatre heures après notre premier pansement, le travail cicatriciel avait commencé. La plaie prenait un aspect rosé, clair ; de petits bourgeons charnus se formaient ; une légère suppuration absolument inodore et de bon aloi humectait le tout, et les bords commençaient à s'affaisser. La cicatrisation une fois commencée ne s'arrêta plus. Rapide au début du traitement, elle se ralentit un peu vers la fin, en raison de l'état morbide ou substratum et de l'induration cicatricielle des bords ; mais en aucune circonstance la suppuration ne fut fétide ou abondante. Deux mois et demi suffirent pour amener la guérison d'une lésion que rien n'avait pu modifier jusque-là.

Différentes circonstances ont produit ce résultat, telles que repos, régime ; mais la plus importante est l'action stimulante et désinfectante de l'essence qui, à l'aide de deux pansements quotidiens, se dégageait sans cesse sur la plaie. On pourrait attribuer une part d'action au tannin, mais cela me paraît contestable ; une autre part à la compression, mais elle avait été précédemment inutile ou du moins insuffisante. Cette observation a été communiquée à la Société des sciences de Cannes en mai 1871.

OBSERVATION 14.

Plaies-gangréneuses de la jambe droite guéries par l'application des feuilles d'Eucalyptus.

Cette observation n'est pas de moi. Je la dois à l'obligeance de mon confrère et ami le docteur Battersby. Voici comment il s'exprime : « Étant appelé auprès de M. D..., vieillard de 70 ans, le 23 novembre 1870, j'ai trouvé la jambe droite œdématiée et la peau de la partie antérieure du membre d'un rouge livide et couverte de bulles remplies d'un liquide brunâtre, horriblement fétide, et se déplaçant sous l'épiderme par la pression digitale. On voyait par place des ulcérations intéressant toute la peau et parfois même le tissu cellulaire sous-cutané ; un liquide séro-purulent et fétide en découlait. Je fis les pansements conseillés en pareil cas ; mais après quelques jours, voyant que les remèdes ne produisaient pas d'effets, j'ai appliqué les feuilles d'Eucalyptus. En vingt-quatre heures l'odeur avait disparu et les plaies avaient changé d'aspect. L'amélioration continuant, l'épiderme se détacha dans l'étendue de la partie malade, et les plaies se fermèrent complétement le 19 décembre de la même année. »

OBSERVATION 15.

Plaies varioliques guéries par les feuilles d'Eucalyptus.

Nous devons ces faits à notre excellent confrère le Dr Fouque. Après l'avoir remercié nous lui laisserons la plume.

« Pénétré de l'action médicatrice de la feuille fraîche de l'Eucalyptus globulus dans les plaies atoniques, par suite des résultats que notre confrère et ami le docteur Gimbert obtenait à l'ambulance des Petites-Sœurs ; imbu du mémoire qu'il avait fait insérer dans le recueil de la Société des sciences naturelles de Cannes (1), j'ai, nombre de fois, expérimenté la feuille de cet arbre si répandu dans nos jardins. J'ai obtenu des effets surprenants en l'employant dans les plaies atoniques, languissantes mais non spécifiques, à la place des topiques usités en pareil cas, tels que : poudre de charbon, quinquina, vin aromatique, alcool, etc.

» Les résultats m'ont conduit à les employer au pansement des plaies ulcérées de la variole, plaies provenant, soit de pustules, soit d'abcès. J'en donnerai deux exemples :

(1) Mémoires de la Société des sciences naturelles de Cannes, 1869 et 1870.

» En 1870 madame X..., femme vigoureuse, fut atteinte de variole confluente à la suite de laquelle il survint un abcès à la fesse droite. La malade ayant refusé l'opération, il s'ensuivit un vaste décollement et finalement une ouverture naturelle. La plaie était profonde, peu végétante et couverte d'une suppuration abondante et fétide. Je fis panser avec le vin aromatique ; mais n'obtenant pas d'effet, je pris des feuilles d'Eucalyptus que je froissai dans mes doigts de façon à faire sourdre l'essence, et je les appliquai sur la plaie en les imbriquant. Trois fois par jour on renouvela le pansement, en raison de l'abondance de la suppuration, et trois jours après elle avait diminué en perdant sa mauvaise odeur ; de nombreux bourgeons charnus se formaient sur toute la surface de la plaie. La malade guérit très-rapidement.

» En mars 1871, M..., âgée de sept ans et P..., âgé de quatre ans, reçurent mes soins pour la variole. Ils avaient de nombreuses plaies suppurantes et fétides au visage et sur le corps. L'application des moyens ordinaires fut encore ici sans résultats, et j'ordonnai de nouveau des pansements occlusifs, compressifs et biquotidiens avec les feuilles fraîches d'Eucalyptus. Quelques jours de traitement suffirent pour obtenir une modification notable suivie rapidement de cicatrisation.

» Je pourrais donner un plus grand nombre de faits aussi concluants, mais ce serait inutile. »

Le docteur Fouque termine par cette appréciation :

« Pour moi, la feuille d'Eucalyptus est un topique agissant comme stimulant, désinfectant et compressif. »

Cette opinion a déjà été émise par nous.

« Pour moi, continue-t-il, ce mode de pansement n'a rien de spécifique (1); mais je le préconise de préférence aux autres, parce que l'usage en est très-facile ici, peu coûteux, et que la médecine doit toujours profiter de ce que la nature met entre ses mains. »

(1) La question, selon nous, est à résoudre.

Au moment de livrer notre travail à la publicité, nous avons
u l'occasion d'obtenir un résultat si éclatant dans plusieurs
cas de gastralgie, que nous ne pouvons résister au désir de faire
profiter le lecteur d'un exemple :

OBSERVATION 16.

*Gastralgie intermittente quotidienne chronique guérie par l'essence
d'Eucalyptus.*

Le 10 octobre 1871, M. T..., en proie depuis trois mois à
de cruelles douleurs névralgiques, me fit mander auprès de lui
pour savoir si l'Eucalyptus pourrait produire quelque heureux
effet sur sa maladie. J'eus l'honneur de le voir vers quatre
heures du soir. Il était couché sur un divan, la figure crispée, le
ventre appuyé sur un coussin et comprimant fortement avec
ses mains la région épigastrique et l'hypochondre gauche. Cette
manœuvre, paraît-il, le soulageait un peu. Il ressentait dans
ces régions des tortillements, une constriction ou des élancements très douloureux ; l'estomac était ballonné, et de temps en
temps il avait des éructations inodores qui étaient suivies d'un
soulagement momentané. Depuis trois mois, cette douleur revenait tous les soirs à quatre heures, et cessait entre sept et
huit, laissant après elle un accablement extrême et une anorexie complète. Le malade ne pouvait plus manger que le lendemain et dormait d'un sommeil agité. Sous l'influence de cette
succession de crises, la santé de M. T... était fort ébranlée.
Il avait constamment la tête lourde. D'ordinaire très-actif, il
était devenu paresseux ; le plus petit exercice physique ou in-
tellectuel l'accablait ; sa figure était pâle, ses traits tirés ; les
muqueuses étaient décolorées ; en un mot, il était devenu
anémique. Le caractère du malade avait subi lui-même l'influence de ces désordres ; il était triste, hypochondriaque.

Les voies intestinales étaient néanmoins en bon état apparent ; la langue était propre, et, sans la douleur, le malade, qui mangeait bien à déjeuner, aurait très-bien dîné le soir. Il y avait un peu de paresse intestinale, phénomène habituel chez M. T...

Les viscères abdominaux, et d'ailleurs la constitution du patient, étaient intacts à l'examen plessimétrique ; il faut dire que nous étions en présence d'un homme d'une quarantaine d'années, solidement bâti.

Cette maladie n'était qu'une récidive. Depuis 1867, au printemps ou à l'automne, il était rare, qu'elle ne vînt pas troubler, pour un temps plus ou moins long, la santé de notre malade. Elle s'annonçait par de l'anorexie, de la flatulence ; puis, après huit jours de cet état, survenait la douleur qui disparaissait à un moment donné, sans qu'on sût pourquoi, pour être remplacée par de fréquentes névralgies crâniennes causées par l'impression du froid. M. T... avait déjà eu plusieurs accès de goutte, et pendant les périodes de crise articulaire il ne souffrait pas de névralgie.

Diagnostic. — Le siége de la douleur, en pleine région épigastrique, et dans la moitié antérieure de la région hypochondriaque, nous autorisait à penser que l'estomac était le siége de troubles nerveux ; mais la gastralgie flatulente constituait-elle, à elle seule, la maladie ? N'était-elle que le symptôme d'une dyspepsie particulière, d'une lésion organique de l'estomac, du duodénum ou d'un organe plus lointain encore ? Quelle pouvait être l'influence de la goutte sur ces désordres ? Telles étaient les questions qu'il importait de résoudre.

Malgré l'intermittence régulière de la crise douloureuse, nous rejetâmes tout d'abord l'idée d'une influence quotidienne quelconque, M. T. n'ayant jamais eu de fièvre intermittente, n'ayant pas habité des régions miasmatiques.

L'absence de douleur fixe et continue à la pression, sur un point limité de l'organe malade, de douleur interscapulaire rachidienne, de vomissements de sang, ou de mélæna, l'apparition de la crise après la digestion stomacale, l'absence de cachexie, de tumeur, et finalement l'historique des accès passés, ne nous permit pas d'attribuer à l'existence d'un ulcère de l'estomac ou à un carcinome tous ces accidents.

Mais il pouvait se faire néanmoins que le duodénum ou l'un des organes annexes fût malade, car la douleur ne survenait que lorsque cet organe était en pleine activité, c'est-à-dire quatre heures après le repas, alors que les aliments pouvaient irriter un ulcère ou toute autre lésion organique de ce conduit. Mais alors comment aurions-nous pu expliquer la disparition des crises, sans cause appréciable? Pourquoi avant la crise et après une guérison rapide, ne constations-nous pas, au niveau de cet organe, la moindre douleur? L'Eucalyptus, nous en sommes convaincu, n'a pas le don d'insensibiliser directement une plaie. Il était probable, néanmoins, que le duodénum, dont la pathologie est obscure d'ailleurs, était troublé en même temps et de la même manière que l'estomac ; car nous ne pouvions nous expliquer autrement l'intermittence à heure fixe, à moins que la douleur ne fût déterminée par des troubles du pancréas, ou du foie, se traduisant par des névralgies réflexes ; quelle pouvait être, dans tous les cas, la cause efficiente de la douleur? On pouvait penser à une congestion active, à un spasme ou à une atonie de ces parties de l'appareil digestif. Le développement des gaz dans ces cavités rendait cette dernière opinion acceptable. La goutte pouvait-elle produire ces troubles efficients? Dans l'état actuel de la science, de l'avis même de Brinton, la goutte de l'estomac étant encore un mystère en pathologie, nous n'osâmes conclure à son influence directe, mais nous pensâmes qu'elle n'était point étrangère à la maladie. En effet, il était à remarquer que la maladie éclatait toujours aux époques où survenaient les attaques de goutte, qu'elle débutait toujours par une dyspepsie, symptômes de goutte aujourd'hui acceptés, et que, durant son existence, il ne survenait aucun trouble spécifique dans l'organisme, de sorte que si elle n'en était pas l'expression directe, elle pouvait bien en être le symptôme détourné ; et dans tous les cas, il fallait s'en préoccuper dans le traitement. Nous ne croyions pas qu'on pût mettre sur le compte de la constipation, d'ailleurs régulièrement combattue par des lavements, les troubles nerveux.

Après toutes ces réflexions ne pouvant, malgré nous, préciser mathématiquement les conditions de la maladie, nous formulâmes, par exclusion, le diagnostic suivant : *Névralgie chronique, intermittente, quotidienne, de l'estomac et probablement du duodénum, déterminée peut-être par la goutte.*

Traitement. — M. T... avait déjà absorbé les médicaments les plus divers. La quinine à haute dose, la morphine, la belladone, le chloroforme, intùs et extrà, la chlorodyne, les blacksdrops anglaises, avaient été sans effet. Son médecin, notre ami regretté le docteur Pasquier, lui avait conseillé les eaux de Plombières, dont il était revenu plus souffrant. Une cure d'eaux purgatives, pour employer le langage des gens du monde, différents régimes, l'hydrothérapie, n'avaient amené aucun résultat. Les vésicatoires seuls procuraient un soulagement momentané.

Nous inspirant du magnifique résultat que l'essence d'Eucalyptus nous avait donné dans le cas, cité plus haut, de névralgie intermittente quotidienne et réflexe ; convaincu de l'action dépurative de notre médicament qui favorise l'élimination de l'urée, de son pouvoir sur la sensibilité réflexe de la moelle, de sa stimulation puissante, nous conseillâmes au malade de prendre deux capsules d'essence au premier déjeuner, deux au second. Le traitement fut commencé le 11, et cessa le dix-sept septembre exclusivement. Le premier jour il survint quelques élancements fugitifs ; ce furent les derniers. M. T... n'a plus souffert de rien depuis. Le dix-sept, il éprouva de fortes coliques, de la diarrhée bilieuse, le ventre devint sensible ; mais un bain aromatique et quelques infusions de camomille calmèrent le tout.

Le résultat immédiat de l'action du médicament fut une reprise énergique de l'appétit et une spontanéité dans les garderobes ; le ventre se dégonfla. Au troisième jour du traitement, M. T... éprouva, comme nous-même, une excitation analogue à celle du début de l'ivresse. Il était content ; son cerveau, naguère lourd, était devenu tout à coup léger et plus lucide. Il lui semblait que son corps était moins pesant (1). Il marchait sans cesse chez lui, mû par une impulsion occulte ; il fit dans cette journée une promenade de deux heures sur les montagnes, avec une facilité dont il ne se croyait plus capable désormais. Le sommeil, l'appétit, sont restés excellents depuis lors ; la gaieté et la vie sont revenues en vingt-quatre heures dans une organisation puissante, naguère accablée par la douleur.

Quelle a été l'action de l'essence d'Eucalyptus, dans cette circonstance ? A t-elle agi parce qu'elle a fait cesser tout simplement la constipation ? Mais alors pourquoi les purgatifs répétés n'avaient-ils rien produit ? Cette hypothèse doit être éliminée, aussi bien que celle qui mettrait le succès sur le compte d'une action stupéfiante, puisque les stupéfiants les plus énergiques n'ont rien fait, et que d'ailleurs l'Eucalyptus n'a aucune propriété comparable à celles de ces médicaments. Notre substance a agi comme antipériodique, comme stimulant diffusible, probablement comme modificateur de l'irritabilité réflexe de la moelle, et, à coup sûr, comme dépuratif. En effet, durant le traitement, les urines du malade étaient chargées d'urate, ce qui devait atténuer les symptômes de la goutte.

____

(1) Nous conseillons aux touristes qui font des ascensions sur les hautes montagnes de prendre préalablement de l'Eucalyptus, cela facilitera leur marche.

Cette observation vient clore la série des observations con-signées dans notre mémoire. Prochainement nous développe-rons d'une manière plus étendue encore l'action de notre substance sur le système nerveux ; mais tout d'abord on peut être convaincu que les faits que nous avons encore en main ne feront que corroborer nos opinions sur l'Eucalyptus.

FIN.

TABLE DES MATIÈRES

FIN DE LA TABLE DES MATIÈRES.

PARIS. — IMPRIMERIE DE E. MARTINET, RUE MIGNON, 2.

Planche I.

Tracé de la marche de la temperature et de la respiration. — de 2 heures 25 à 4 h. 40.

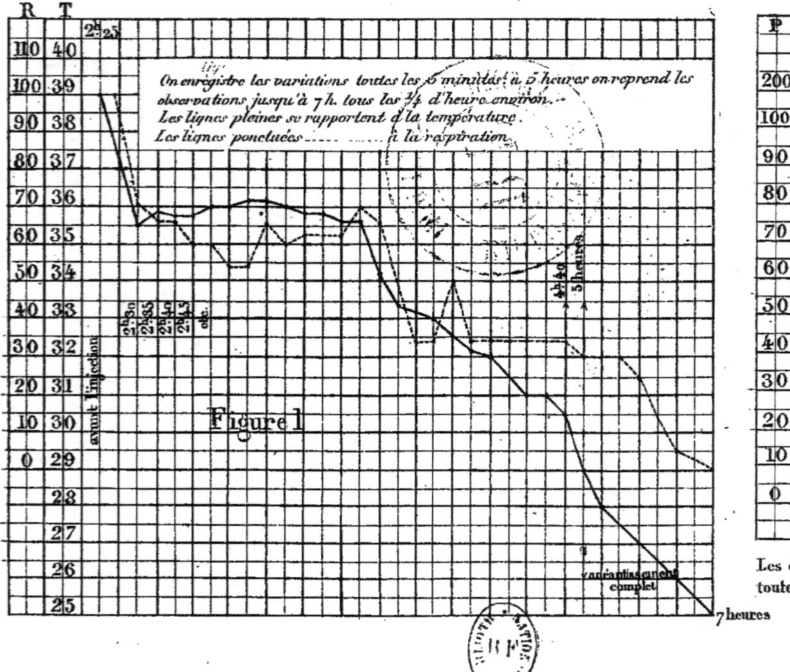

Tableau des variations des trois grandes fonctions: Chaleur. — Circulation. — Respiration.

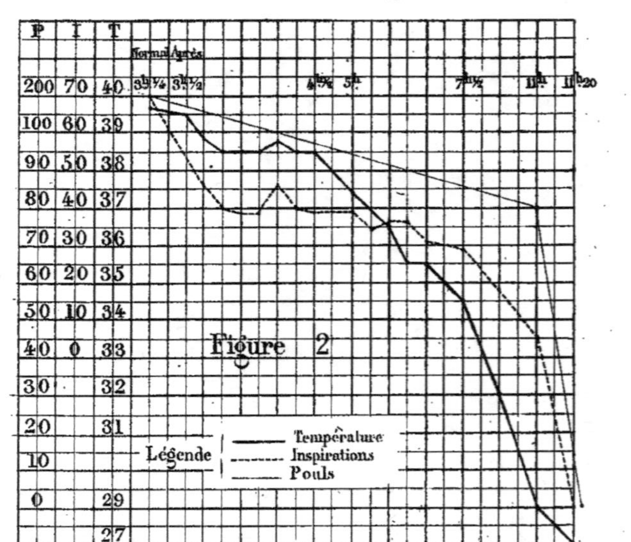

Les observations sont faites tous les 1/4 d'heure jusqu'à 4 h.1/2 ; puis toutes les 1/2 heure jusqu'à 7 1/2.

Planche II.

Tableaux des variations de la température et de la respiration.

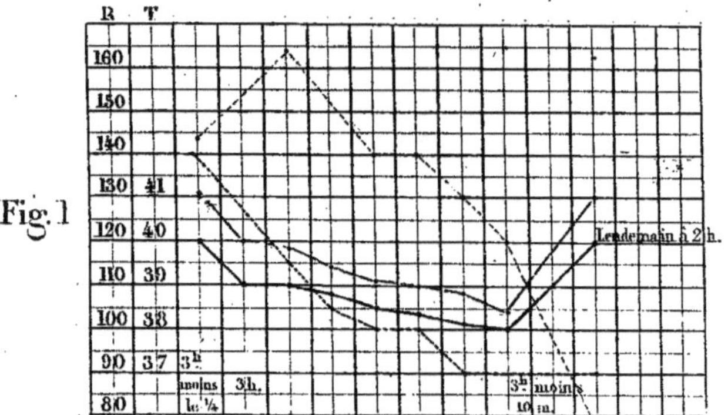

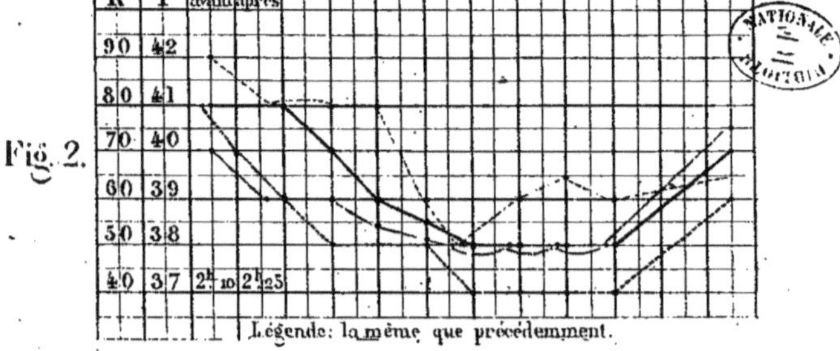

Légende. — Les lignes rouges *désignent les effets de la térébenthine;*
les lignes noires, *les effets de l'Eucalyptus.* Les lignes ponctuées
se rapportent aux variations de la respiration; celles qui sont
pleines *aux variations de la température.*

On enregistre ces variations tous les ¼ d'heure jusqu'à 4 h.½

CHÉRON (Jules). **Du traitement du rhumatisme articulaire chronique, primitif, généralisé ou progressif, par les courants continus constants.** In-8 de 44 pages. 1 fr.

CHÉRON (Jules) et MOREAU-WOLF. **Des services que peuvent rendre les courants continus constants dans l'inflammation, l'engorgement et l'hypertrophie de la prostate.** In-8 de 31 pages. 1 fr.

DELBARRE. **De la dénudation des artères.** In-8 de 66 pages. 1 fr. 50

DELENS. **De la communication de la carotide et du sinus caverneux** (anévrysme artéro-veineux). In-8 de 90 pages, avec 2 planches coloriées. 3 fr. 50

DESNOS. **Considérations sur le diagnostic, le pronostic et la thérapeutique de quelques-unes des principales formes de la variole.** Grand in-8 de 8 pages. 50 c.

DUFOUR (E.). **De l'encombrement des asiles d'aliénés,** étude sur l'augmentation toujours croissante de la population des asiles d'aliénés ; ses causes, ses inconvénients, et des moyens d'y remédier. Mémoire couronné par la Société de médecine de Gand. In-8 de 107 pages. 2 fr.

DUPIERRIS. **De l'efficacité des injections iodées dans la cavité de l'utérus pour arrêter les métrorrhagies qui succèdent à la délivrance,** et de leur action comme moyen préservatif de la fièvre puerpérale. In-8 de 96 pages. 2 fr.

DUPUY (Paul). **Du libre arbitre.** Grand in-8 de 64 pages. 2 fr.

DUSART. **Recherches expérimentales sur le rôle physiologique et thérapeutique du phosphate de chaux.** 1 vol. in-12 de 158 pages. 2 fr.

EMIN. **Études sur les affections glaucomateuses de l'œil.** 1 vol. in-8 de 131 pages, avec 4 planches coloriées. 5 fr.

FAID. **Des troubles de la sensibilité générale dans la période secondaire de la syphilis,** et notamment de l'analgésie syphilitique. In-8 de 132 pag. 3 fr. 50

FANO. **Traité élémentaire de chirurgie.** Tome II, 1ʳᵉ part., 1 vol. in-8 de 495 pag., avec figures intercalées dans le texte. 6 fr.
    Prix du tome I, complet. 13 fr.
    L'ouvrage sera complet en 2 volumes.

FORT. **Résumé d'anatomie.** 1 vol. in-32 de 520 pages, avec 73 figures intercalées dans le texte. 5 fr.

FOURNIER (Alfred). **Fracastor : la Syphilis, 1530 ; le Mal français, 1546 ;** traduction et commentaires. 1 vol. in-12 de 240 pages. 2 fr. 50

GAUTIER (Jules). **De la fécondation artificielle dans le règne animal,** et de son emploi contre la stérilité. 1 vol. in-12 de 46 pages. 1 fr.

GIMBERT. **L'Eucalyptus globulus ;** son importance en agriculture, en hygiène et en médecine. Grand in-8 de 36 pages. 1 fr. 25

GRAEFE (de). **Des paralysies du muscle moteur de l'œil,** traduit de l'allemand par A. SICHEL, revu par le professeur. 1 vol. in-8 de 220 pages. 3 fr. 50

GUICHARD (Ambroise). **Recherches sur les injections utérines en dehors de l'état puerpéral.** Grand in-8 de 184 pages. 3 fr. 50

HAMEL. **Du rash variolique** (Variolus rash des Anglais). In-8 de 100 pages. 2 fr.

HERVIEUX. **Traité clinique et pratique des maladies puerpérales, suites de couches.** 2ᵉ part., 1 vol. in-8 de 536 pag. L'ouvrage complet, 1 vol. de 1165 pag., avec figures dans le texte. Le volume cartonné. 16 fr.

JACCOUD. **Traité de pathologie interne.** Tome I, deuxième partie. 1 vol. in-8 de 423 pages, avec figures et planches. 6 fr.
    Tome II, première partie (1871), 1 vol. in-8 de 412 pages. 6 fr.
    L'ouvrage sera complet en 2 volumes.

LAMBERT (DE). **De l'emploi des affusions froides dans le traitement de la fièvre typhoïde et des fièvres éruptives.** In-8 de 75 pages. 2 fr.

LARGUIER DES BANCELS. Étude sur le diagnostic et le traitement chirurgical des étranglements internes. In-8 de 144 pages. 3 fr.

LARRIEU. Des hémorrhagies rétiniennes. In-8 de 118 pages. 2 fr. 50

LAUGAUDIN. Contribution aux indications curatives des eaux de Royat, In-8 de 190 pages. 2 fr.

LAURENT (CH.). **De l'hyoscyamine et de la daturine,** étude physiologique, application thérapeutique. Grand in-8 de 123 pages, avec figures. 3 fr.

LE BŒUF. Étude critique sur l'expectation dans la pneumonie. Grand in-8 de 98 pages. 2 fr.

MALLEZ et A. TRIPIER. De la guérison durable des rétrécissements de l'urèthre par la galvanocaustique chimique. Mémoire couronné par l'Académie de médecine. In-8 de 35 pages, avec figures dans le texte, *deuxième édition.* 2 fr.

MARTIN (GUSTAVE). **Études sur les plaies artérielles de la main et de la partie antérieure de l'avant-bras.** In-8 de 88 pages. 2 fr.

MARTIN. De la circoncision, avec un nouvel appareil inventé par l'auteur pour faire la circoncision. Nouveau procédé pour le débridement du phimosis congénital. Grand in-8 de 88 pages. 2 fr.

MASSEY (LUCIEN). **Mémoire sur le traitement médical et la guérison des affections cancéreuses,** suivi d'une Note sur le traitement de la syphilis. In-8 de 30 pages. 1 fr.

MOREAU-WOLF. Des rétrécissements de l'urèthre et de leur guérison radicale et instantanée par un procédé nouveau, la *divulsion rétrograde.* Grand in-8 de 100 pages, avec figures dans le texte. 3 fr.

MOURA. Angines aiguës ou graves; origine, nature, traitement. In-8 de 68 pages. 2 fr.

NYSTROM. Du pied et de la forme hygiénique des chaussures, avec une Préface du professeur SANTESSON, traduction de la 2e édition suédoise. In-8 de 46 pages, avec figures dans le texte. 1 fr. 50

OFF. Des altérations de l'œil dans l'albuminurie et le diabète. In-8 de 180 pages, avec 2 planches en chromolithographie. 4 fr. 50

OLLIER DE MARICHARD et PRUNER-BEY. Les Carthaginois en France, la Colonie libypo-hénicienne du Liby. Gr. in-8 de 50 pages, avec 2 tableaux et 6 planches. 7 fr.

PERIER (G.). **Guide aux eaux de Bourbon-l'Archambault descriptif et médical.** 1 vol. in-12 de 242 pages. 2 fr. 50

PÉRONNE (CHARLES). **De l'alcoolisme dans ses rapports avec le traumatisme.** In-8 de 155 pages. 3 fr. 50

PHÉLIPPEAUX. Étude pratique sur les frictions et le massage, ou Guide du médecin masseur. In-8 de 187 pages, avec un joli cartonnage en toile. 3 fr.

PRAT. Du panaris. In-8 de 104 pages. 2 fr.

RATHERY. Essai sur le diagnostic des tumeurs intra-abdominales chez les enfants. In-8 de 136 pages. 2 fr. 50

RAYMOND (TH.). **Opérations préliminaires à l'extirpation des tumeurs** (écrasement linéaire, — galvanocaustie). De leur combinaison. In-8 de 100 pages. 2 fr.

REGNAULT (PAUL). **De l'hygroma du genou.** Traitement par la ponction suivie d'injection iodée. In-8 de 58 pages. 1 fr. 50

RELIQUET. **Action des courants électriques continus sur les spasmes de la vessie, de l'urèthre et des uretères causés par des graviers rénaux.** Grand in-8 de 7 pages.   50 c.

— **Incrustations calcaires de la paroi vésicale et pierre volumineuse immobile non adhérente.** In-8 de 15 pages.   50 c.

— **Traité des opérations des voies urinaires.** Seconde partie : OPÉRATIONS DE LA VESSIE. 1 vol. in-8 de 234 pages, avec figures dans le texte.   3 fr.
    La première partie, opérations de l'urèthre. 1 vol. in-8.   5 fr.

REZARD DE WOUVES. **Causes de l'abandon et de la mortalité des nouveau-nés et des moyens de les restreindre.** In-8 de 22 pages.   1 fr.

RIGAUD (ÉMILE). **Examen clinique de 398 cas de rétrécissement du bassin observés à la Maternité de Paris de 1860 à 1870.** In-8 de 143 pages.   3 fr.

ROUBAUD (FÉLIX). **Les eaux minérales dans le traitement des affections utérines.** In-8 de 190 pages.   2 fr. 50

ROUDANOWSKY. **Études photographiques sur le système nerveux de l'homme et de quelques animaux supérieurs, d'après les coupes de tissu nerveux congelés.** In-8 de 64 pages, avec atlas in-folio de XVI planches contenant 165 photographies. *Deuxième édition*, revue et corrigée.   170 fr.
    Le texte se vend séparément.   3 fr.

ROUVILLE (PAUL DE). **Session de la Société géologique de France à Montpellier** (octobre 1868). Compte rendu. In-8 de 154 pages, avec 21 planches.   7 fr.

SALEM. **Étude comparative des chancres.** Chancre simple et chancre syphilitique In-8 de 172 pages, avec 3 planches coloriées.   5 fr.

SAPPEY. **Traité d'anatomie descriptive.** *Deuxième édition*, entièrement refondue. Tome III, 1re partie : NÉVROLOGIE. 1 vol. in-8 de 528 pages, avec figures intercalées dans le texte (1871).   6 fr.
    Prix des tomes I et II.   24 fr.
    Prix de l'ouvrage complet.   48 fr.

SCAGLIA. **Des différentes formes de l'ovarite aiguë.** In-8 de 116 pages.   2 fr.

SOULIGOUX. **De la durée du traitement thermal à Vichy.** In-8 de 15 pag. 50 c.

TARNOWSKY. **Aphasie syphilitique.** In-8 de 131 pages.   3 fr.

THOMPSON. **Traité des maladies chroniques.** trad. de l'anglais. In-12 de 72 pages.
                                                                           1 fr.

TOUTAIN. **Nouvelle méthode d'application de l'électricité pour la guérison des maladies.** 1 vol. in-12 de 352 pages.   5 fr.

TROELTSCH (DE). **Traité pratique des maladies de l'oreille,** traduit de l'allemand sur la 4e édition (1868), par les docteurs A. KUHN et D. M. LEVI. 1 vol. in-8 de 560 pages, avec figures dans le texte. Le volume cartonné en toile.   8 fr. 50

VISCA. **Du vaginisme.** In-8 de 148 pages.   2 fr. 50

VOYET. **De quelques observations de thoracentèse chez les enfants.** In-8 de 100 pages.   2 fr.

WECKER et JÆGER. **Traité des maladies du fond de l'œil.** 1 vol. in-8, accompagné d'un atlas de 29 planches en chromolithographie.   35 fr.

Bulletins de la Société anatomique de Paris. Anatomie normale, anatomie pathologique, clinique. Abonnement à l'année courante. 1 vol. in-8.   7 fr.

Comptes rendus des séances et Mémoires de la Société de biologie. Abonnement à l'année courante. 1 vol. in-8 avec figures coloriées.   7 fr.

Revue photographique des hôpitaux de Paris. Abonnement à l'année courante. 1 vol. in-8 avec 36 photographies.   20 fr.

ENVOI FRANCO PAR LA POSTE, CONTRE UN MANDAT.

PARIS. — IMPRIMERIE DE E. MARTINET, RUE MIGNON, 2.